U0731460

"十三五"国家油气重大科技专项子课题微观孔隙结构的三维模型重构及孔隙结构演化机制（2017ZX05013001-002）资助

岩石微尺度模型重建及其热-流-固耦合细观机理研究

宋　睿　刘建军　崔梦梦　著

科学出版社

北　京

内 容 简 介

本书介绍岩石微尺度模型的重建算法、孔隙流体数学模型改进、岩石细观热-流-固耦合数值模拟方法。全书内容包括岩心微 CT 成像及孔喉参数获取方法、多孔介质流体输运数学模型改进、二维微观水/CO_2 驱油实验及数值模拟研究、基于最大球法的等效孔隙网络模型构建及渗流规律研究、基于非结构化网格模型的水驱油过程及流-固耦合机理研究、岩心微尺度结构化网格模型重建方法及与其他重建模型的对比分析、基于压痕实验的岩心微观力学性能测试、热-流-固耦合作用下水驱油机理研究。

本书可供岩土工程、油气田开发工程及多孔介质材料传质传热等领域的科研人员以及高等院校的教师、研究生、本科生等参考。

图书在版编目（CIP）数据

岩石微尺度模型重建及其热-流-固耦合细观机理研究/宋睿，刘建军，崔梦梦著. —北京：科学出版社，2017.12

　　ISBN 978-7-03-055478-9

　　Ⅰ. ①岩⋯　Ⅱ. ①宋⋯　②刘⋯　③崔⋯　Ⅲ. ①储集层–岩石–系统建模–研究　Ⅳ. ①P618.130.2 ②TU45

中国版本图书馆 CIP 数据核字（2017）第 284461 号

责任编辑：罗　莉 / 责任校对：王　翔
责任印制：罗　科 / 封面设计：墨创文化

科 学 出 版 社 出版
北京东黄城根北街 16 号
邮政编码：100717
http://www.sciencep.com
四川煤田地质制图印刷厂 印刷
科学出版社发行　各地新华书店经销

*

2017 年 12 月第　一　版　开本：720 × 1000　1/16
2017 年 12 月第一次印刷　印张：11 1/2
字数：227 800

定价：118.00 元
（如有印装质量问题，我社负责调换）

前　　言

　　流体（水、石油、气/汽等）和固体（岩石、土等）的相互作用问题广泛存在于众多地下工程（如矿山、交通、水利水电等）应用中，受工程地质和水文地质条件、流体和岩体力学性质以及工程扰动条件等复杂因素的影响，会产生不同的工程灾害或工程难题。作为一种非均质的多孔介质，岩石的微观孔隙特征决定了其力学性能、热力学性能以及内部流体的输运特性，是开展岩石热-流-固耦合细观机理研究的基础。以孔隙尺度模型为基础，研究岩石在热-流-固三场耦合条件下孔隙结构的演化规律以及对其中流体输运特性的影响，对诸多工程实践具有重要的理论意义和应用价值。

　　本书采用实验研究、理论分析和数值模拟相结合的方法，基于渗流力学、岩石力学、图形图像学和计算力学的多学科交叉理论，通过宏观与微观研究的相互渗透，围绕岩石微尺度模型重建、孔隙微流体输运方程改进、微尺度模型渗透率预测、油水驱替规律以及温度和应力对水驱油效果的影响等问题，开展了岩石热-流-固细观耦合机理及孔隙结构变化对油田开发过程的影响研究，为直观描述和定量分析油田开发过程中岩体温度及应力变化对储层渗流规律的影响提供理论支撑与解决方案。

　　全书主要内容如下：

　　（1）利用蔡司 Xradia MICROXCT-400 成像设备开展了岩心 CT 成像的实验研究。基于典型岩心的 CT 图像，分析了不同图像分割方法对模型孔隙度的影响，以三维岩心微观图像为基础，研究了采用 MATLAB 软件提取岩样孔隙度及孔径分布的统计计算方法，为后续岩心微尺度模型重建提供了图像数据。

　　（2）基于微流边界层理论，分析了微流道中流体分子和固体分子间的相互作用力，给出了孔隙流体的黏性系数表达式，以该模型为基础，通过合理设置模型润湿角和微流边界层系数的大小和分布区间，再现了因固体壁面处矿物组分的非均质性造成的微流边界层系数和润湿性的非均质性。

　　（3）借鉴二维玻璃平板微观渗流实验，提出了基于二维图形轮廓线的微尺度模型重建方法。将该模型应用于二维水驱油的数值模拟研究，模拟结果与室内实验结果的较好匹配验证了重建方法的有效性。在此基础上，研究了水驱过程中油水相对渗透率的变化规律、残余油的形成和分布规律，分析了 CO_2 微观驱油的过程与特点。

（4）利用 Amira 软件的距离排序同伦细化算法，优化了中轴线的搜索过程以及孔隙和喉道的分割方法。以该方法为基础，得到了参数化的岩心三维等效孔隙网络模型，获得了岩心孔径分布、孔隙配位数分布及孔喉形状因子等一系列关键参数。采用英国帝国理工大学开发的两相流程序获取了与实验结果较好吻合的绝对渗透率数据和毛细管力曲线，预测了不同润湿性条件下岩样的毛管力及相对渗透率的变化规律，分析了等效孔隙网络模型在拓扑结构及两相驱替过程预测上的不足。

（5）结合岩心微观 CT 图像，提出了基于 Mimics 和 ICEM 软件的非结构化网格模型构建方法。开展了微观尺度水驱油过程的数值模拟，再现了驱替过程中油水的驱替规律及残余油的分布规律，研究了油水相对渗透率的变化规律。通过单相流-固耦合的数值模拟，分析了应力作用下岩石孔隙结构特征的动态演化规律，研究了模型渗透率随围压、孔隙压力的变化特征。

（6）提出了基于 MATLAB 软件的结构化网格建模方法，通过减小图像分辨率优化了模型的网格数目，开展了单相渗流、水驱油两相渗流的数值模拟研究，通过与室内实验结果的对比分析，验证了该建模方法的可靠性。开展了等效孔隙网络模型、非结构化网格模型和结构化网格模型的对比分析研究，研究表明结构化网格模型完美再现了岩样微 CT 图像所呈现的拓扑结构，且网格质量较高，数值模拟结果与实验结果的吻合程度高于其他两类模型，但网格数目相对较多，计算工作量大。

（7）基于砂岩微米级 CT 图像构建的岩石骨架结构化有限元模型，以被测岩样的微米压痕实验结果作为输入参数，开展了单轴压缩条件下岩石变形的数值模拟研究。采用数值模拟再现了微米压痕实验的加卸载过程，通过与压痕实验曲线的对比分析预测了微米尺度下岩石的屈服强度，为岩石热-流-固三场耦合研究提供基础力学参数。

（8）以岩石结构化孔隙网络模型和微米级力学参数为基础，研究了油田注水开发过程中的水驱油机理，分析了油水界面张力系数、驱替液黏度、注入速率以及模型润湿性对水驱油过程的影响，优化了注水开发过程中的注入液参数。在此基础上，研究了热-流-固三场耦合作用下岩心孔隙度及渗透率的变化规律，分析了应力和温度对模型水驱油效果的影响。

本书内容主要来自作者近五年来所取得的一系列科研项目成果，包括国家科技重大专项课题（2017ZX05013001-002）和国家自然科学基金资助项目（51174170），部分成果发表在 International Journal of Heat and Mass Transfer，

Geofluids，*Journal of Hydrodynamics*，Ser. B，*Progress in Computational Fluid Dynamics*，*SpringerPlus* 等期刊上；研究还得到了西南石油大学地球科学与技术学院的大力支持，在此表示衷心的感谢！

　　本书的出版得到了国家科技重大专项课题（2017ZX05013001-002）的资助。

　　由于著者水平有限，书中难免有缺点和疏漏，恳请读者批评指正。

目　　录

第1章　绪论···1

　1.1　研究目的与意义 ··· 1

　1.2　国内外研究现状 ···2

　　　1.2.1　孔隙结构获取及表征研究动态 ······································· 2

　　　1.2.2　岩石热-流-固耦合研究现状 ··14

　1.3　主要研究内容与技术路线 ··18

　　　1.3.1　主要研究内容 ···18

　　　1.3.2　研究技术路线 ···19

第2章　岩心微 CT 成像及孔喉参数获取 ·································21

　2.1　岩心微 CT 成像实验 ···21

　　　2.1.1　岩心成像简介 ···21

　　　2.1.2　微 CT 成像技术 ···22

　　　2.1.3　三维岩石微观 CT 图像 ···23

　2.2　图像处理···27

　　　2.2.1　图像提取 ···27

　　　2.2.2　图像降噪及二值化 ···28

　2.3　岩心特征参数获取 ··31

　　　2.3.1　利用样品图像计算孔隙度 ··31

　　　2.3.2　孔径分布计算 ···33

　2.4　本章小结···35

第3章　基于 N-S 方程的多孔介质流体输运数学模型 ·············36

　3.1　基于微流边界层理论的孔隙多相流体渗流数学模型 ···············37

　　　3.1.1　基本方程组 ···37

　　　3.1.2　多相流体表面张力及润湿性表征 ···································39

　　　3.1.3　微观水驱油过程模拟 ··40

　　　3.1.4　岩石骨架变形数学模型 ··41

　3.2　岩石热-流-固耦合的实现过程 ···41

　3.3　微流边界层理论及应用 ···43

　　　3.3.1　固体表面对液体分子间作用力 ·······································43

    3.3.2　微流边界层内流体黏性系数 ··45

    3.3.3　微毛细管单相渗流数值模拟及实验验证 ································45

    3.3.4　微毛细管油水两相渗流数值模拟 ·······································51

  3.4　本章小结 ··54

第 4 章　二维微观水/CO$_2$驱油实验及数值模拟研究 ················55

  4.1　微观水驱油模型实验 ··55

  4.2　二维孔隙模型重建及壁面距离的求解 ···56

    4.2.1　二维孔隙模型重建 ··56

    4.2.2　壁面距离求解 ···58

  4.3　数值模拟 ···58

    4.3.1　微观水/CO$_2$驱饱和油数值模拟 ··58

    4.3.2　油驱水后水驱油 ··62

  4.4　本章小结 ··64

第 5 章　基于最大球法的等效孔隙网络模型构建及渗流规律研究 ······65

  5.1　基于最大球法的孔隙网络模型重建 ··65

    5.1.1　建模流程 ··65

    5.1.2　孔隙网络模型参数分析 ··68

  5.2　基于泊肃叶定律的两相渗流数学模型 ···71

    5.2.1　渗透率计算 ··71

    5.2.2　准静态油水驱替过程模拟 ···72

  5.3　单相及油水两相渗流数值模拟结果 ··73

    5.3.1　绝对渗透率预测 ··73

    5.3.2　油水两相渗流过程预测 ··74

    5.3.3　不同润湿性条件下水驱油两相渗流规律 ·································76

  5.4　本章小结 ··78

第 6 章　基于非结构化网格模型的水驱油过程及流-固耦合机理研究 ·····79

  6.1　微尺度岩心三维非结构化网格模型建模 ···79

  6.2　单相及油水两相渗流机理研究 ···81

    6.2.1　单相流模拟及渗透率预测 ···82

    6.2.2　油水两相渗流模拟 ··84

  6.3　单相流-固耦合数值模拟研究 ··86

    6.3.1　模型相关参数 ···86

    6.3.2　流-固耦合数值模拟 ···88

  6.4　本章小结 ··91

第 7 章　岩心微尺度结构化网格模型重建方法及与其他重建模型的对比分析····93
　7.1　结构化网格建模流程 ·······································93
　7.2　等效孔隙网络模型、非结构化和结构化网格模型的对比分析 ·······100
　　　7.2.1　模型拓扑结构对比 ······························101
　　　7.2.2　绝对渗透率预测对比 ···························107
　　　7.2.3　油水驱替过程预测对比 ·······················108
　7.3　本章小结 ···111
第 8 章　基于压痕实验的岩心微观力学性能测试 ·················113
　8.1　压痕实验简介 ··114
　8.2　基于压痕实验的岩石力学参数测定 ······················115
　　　8.2.1　实验过程 ···································115
　　　8.2.2　实验数据处理 ·······························117
　8.3　基于压痕实验数据和岩样微尺度有限元模型的数值模拟研究 ·······119
　　　8.3.1　几何模型 ·································121
　　　8.3.2　数值模拟 ·································122
　8.4　本章小结 ··127
第 9 章　热-流-固耦合作用下水驱油机理研究 ···················128
　9.1　油水两相渗流 ···128
　　　9.1.1　水驱饱和油模型 ·····························128
　　　9.1.2　流体物性的影响 ·····························130
　　　9.1.3　岩石润湿性的影响 ·························140
　9.2　热-流-固耦合数值模拟 ····································142
　　　9.2.1　模型边界条件 ·····························142
　　　9.2.2　应力和温度对孔隙结构演化及渗透率的影响 ···········143
　　　9.2.3　应力、温度对水驱油效果的影响 ···············150
　9.3　本章小结 ··154
参考文献 ··156

第1章 绪 论

1.1 研究目的与意义

多孔介质是指由固体物质组成的骨架和由骨架分隔成大量密集成群的微小孔隙所构成的物质。诸如岩石、土壤、纸、黏土、陶瓷、复合材料、砖瓦、木材、活性炭、催化剂、人体和动物体内的微细血管网络和组织间隙以及植物体的根、茎、枝、叶等都是多孔介质的范畴,可以说对多孔介质的研究涵盖了几乎所有的工科研究领域。

作为一种非均质多孔介质,自然界的岩石中存在着由液相、气相与岩层固相相互作用的流-固耦合系统,该流-固耦合系统往往受到随时间变化的温度场的影响。大量的理论、实验和现场工程实践表明,诸如地下水开采、地下核废料储存、水利水电工程、冻土地区隧道涌水及油气管道运行、煤层气开发利用、石油热采或注水开发、地热利用、地下储气库或 CO_2 封存设施等与岩石密切相关的工程实践,均存在温度场、渗流场和应力场相互耦合的动态过程[1],受工程地质和水文地质条件、流体和岩体力学性质以及工程扰动条件等复杂因素的影响,会产生不同的工程灾害或工程难题,开展岩石中热-流-固耦合机理的相关研究更符合工程开发的实际需求。

如图 1-1 所示,热-流-固耦合是指由流体、固体和变化温度场组成的体系中三

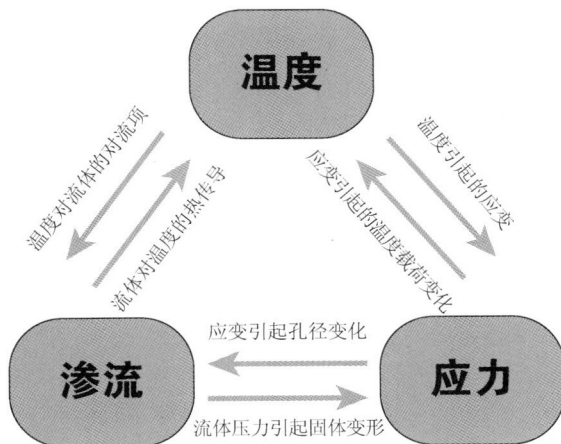

图 1-1 热-流-固耦合关系示意图

者的相互影响和作用,该体系将流体流动、固体变形或失效及温度场的变化视为作用地位均等的基本变量[2]。在这个系统中,流体对温度的影响体现在热传导过程中,温度又影响着流体流动过程中的对流项;变化的温度场将引起固体变形,反过来固体应变又将改变温度场的分布;岩体的应变将直接影响流体流通区域的尺寸,而流体压力又将影响有效应力的大小并最终改变固体的变形量。

现阶段对岩石中热-流-固耦合问题的研究多局限于宏观尺度(工程应用尺度),即对岩土体赋予孔隙度、渗透率等参数进行计算,从而忽略了岩石作为一种非均质多孔介质所具有的一项重要特征——岩石内部无序分布且形状复杂的微孔隙结构。岩石的微观孔隙特征决定了岩石的力学性能、热力学性能以及岩石内部流体的输运特性,是开展岩石热-流-固耦合细观机理研究的基础[3]。近年来基于岩石微观孔隙图像的孔隙尺度建模已成为该研究领域的一个突破口[4-5]。从孔隙尺度出发,研究岩石在热-流-固三场耦合条件下的力学性能及其中流体的输运特性,不仅可以为直观描述和定量分析油田开发过程中岩体温度及应力变化对储层渗流性质的影响提供新的理论支撑,对诸多工程实践也具有重要的理论意义和应用价值。

1.2 国内外研究现状

1.2.1 孔隙结构获取及表征研究动态

从早期的常规压汞技术和铸体薄片,到现阶段的核磁共振、恒速压汞、扫描电镜、环境扫描电镜、冰冻扫描电镜、原子力显微镜、激光共聚焦显微镜、微CT成像等技术,均可以获取定性或半定量的孔隙结构特征数据。这些技术方法均以获取岩石微尺度孔隙结构特征为目的,但获取的数据形式和表征方式因测试原理的不同而各异。常规压汞技术通过测定进汞压力—进汞体积曲线来得到孔喉的综合毛细管力曲线,由此获取孔喉的尺寸分布,操作简单,但无法区分孔隙和喉道[6-9]。铸体薄片采用真空加压将有色胶体注入岩石,固化后制作岩石切片通过显微镜观测获取二维切片图像,可以直接观察到孔喉形状、碎屑物分布及组分,也可以利用图像分析等手段获取孔隙度、固体颗粒尺寸、配位数及孔径分布等[10-13]。核磁共振技术通过监测样品中的流体流动来表征流通区域的微观结构,多用于孔隙结构、润湿性等参数对驱油效果(如水驱油、聚合物驱油等)的影响的研究[14-19]。恒速压汞技术近乎准静态的进汞过程能够将孔隙和喉道分开,分别给出孔隙和喉道的毛细管力曲线,从而定量分析孔隙和喉道的尺寸及变化特征[20-25]。扫描电镜多用于样品的表面扫描,可提供岩样孔隙、喉道和矿物组分的类型及赋存状态[26-29]。环境电镜扫描能够直接对含液体（如油或水）的样品开展分析测试，多用于液体介质对岩土孔隙结构特征及渗透率等参数的影响，如岩石的水敏性[30-32]、酸敏性[33]、酸化改造[34-35]、岩石润湿性影响等[36, 37]、有机质含量等[38]。而冷冻扫描电镜则是通过对超低温处理的样品进行电镜扫描，从而避免了电镜扫描过程中干燥样品对样品孔隙结构的破坏[39]。激光共聚焦显微镜可获取厚度有限的、分辨率达亚微米级样品结构图像，也多用于岩样孔喉形状及孔隙度等参数的获取[40]。原子力显微镜多用于样品表面形态测试，但分辨率更高[41]。微 CT 技术作为一种真正的无损三维成像手段，被广泛应用于岩石孔喉形态、尺寸及分布特征、单相渗流、水驱及化学驱等实验研究中[42-46]。

然而，现阶段的岩石微观渗流物理模拟实验均无法在成像的同时施加围压，不能模拟出岩心所处的现场环境。基于岩石孔隙尺度重建模型开展数值模拟研究是解决这一困境的突破口，亦是该研究领域的一个热点。根据孔隙尺度模型重建过程的不同大体上可以分为重建模型和非重建模型两大类：非重建模型的目的则是利用理想化的几何体来描述实验所观察到的表观性质；而重建模型则是基于孔隙结构实验和图像分析技术，构建真实的三维孔隙结构。两类模型的最终目的均是将只能获得直观感受的岩石微观图像转化为可用于数值仿真的数字化模型。

1. 多孔介质非重建模型

Fatt[47-49]于 1956 年首先使用简单网络模型，如图 1-2 所示。通过在二维规则晶格上随机给定半径，用来预测地下水的毛细管压力与相对渗透率。由于当时计算能力的限制，为简便计算，他采用电阻器物理模型，将流体场近似等效为电流场。将流体压力场等效为电压场，流体流量等效为电流，水力传导率即可用电传导率表示。该方法如今仍被广泛地应用于岩石多孔介质孔隙网络模型地层因数（formation factor）的求解[50, 51]。之后，众多学者对该模型进行了改进[52]，并采用该模型模拟了多相流体流动机理[53]，以及给出了渗透率、地层阻力系数和突破时间的计算公式[54]。同时，Chatzis 和 Dullien[55]于 1977 年指出由于二维网络结构无法再现多孔介质的空间交叉连通性，与三维模型相比，其表征多孔介质微观结构的能力较差。

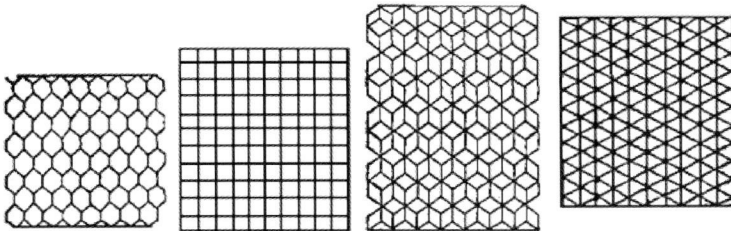

图 1-2 四种常见网格模型[47]

Purcell[56]于 1949 年提出平行毛管束模型的概念，Scheidegger[57]于 1963 年系统地介绍了这一模型，Dullien[58]在 1975 年将该模型应用于单相流体流动机理的模拟。该模型假定岩石由岩石骨架和微毛细孔隙组成，因此将岩石孔隙等效为一系列不同直径的毛细管束（如图 1-3 所示）。该模型与二维晶格模型相比有了较大进步，理想化地描述了多孔介质内孔隙间的连通性。但是该模型中的毛细管直径不变，且管间缺乏横跨的连通性。

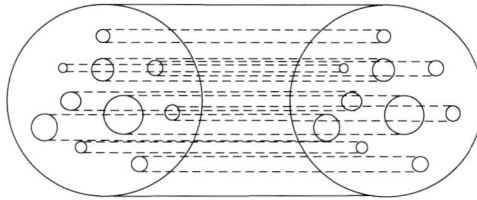

图 1-3 毛细管束模型示意图[58]

毛细管束模型的实质是通过研究不同直径的单根圆管及其组合，从而获取假想的岩石多孔介质流体物性。单根圆管的研究多采用基于考虑毛细管压力的泊肃叶定律模型，再辅之以流体边界层模型或非牛顿流体模型加以分析。由于该模型规则的圆柱形形状，往往被用于研究岩石中的复杂流体性质及数学模型的推导。在低渗透油藏的非线性达西渗流的研究方面，李中锋和何顺利[59]通过低渗透岩心渗流实验，研究了原油边界层厚度与毛细管半径、压力梯度、流体黏度和组分的关系；Mala 和 Li[60]进行了水在微圆管中的流动实验，结果表明实验压力梯度高于泊肃叶定律（Poiseuille flow）的计算值；宋付权[61]、徐绍良等[62, 63]和刘卫东等[64]通过微圆管流体实验验证了边界层厚度、流体渗流流量与微圆管孔径、流体黏度、压力梯度间的关系，并发现微圆管中流体流动呈现明显的非达西流动特性。

为进一步改善毛细管模型在模拟多孔介质拓扑结构时的精确性，许多学者对毛管束模型进行了改进。例如，将原来的模型变为含有分岔成数股的毛管或将毛细管排列成规则的网状或引用一个与水力阻力和各个毛管阻力有关的函数以控制模型的分布[57]，或是将分形理论与毛细管模型结合，建立了弯曲毛细管模型并研究了其中非牛顿流体的渗流特性[65, 66]。

此后，许多学者开始关注岩石微观孔隙的拓扑结构[67-69]，孔隙体与喉道的尺寸分布以及它们之间的空间连通性。然而，这些孔隙网络大多基于规则晶格，无法反映自然岩石中孔隙结构的真实形态和几何特征。由于数值计算能力的瓶颈，直到 19 世纪 80 年代，孔隙尺度建模并未出现重大进展。

Bryant 等[70-72]率先开展了由真实多孔材料提取网络结构的研究，他们假设多孔介质是由若干相同直径的球体堆积而成，在考虑压实和胶结作用的基础上，再现了孔隙网络模型中至关重要的空间水力学连通性，并预测了 fontainebleau 砂岩渗透率随孔隙度的变化趋势。Bryant 和 Blunt[70]于 1992 年使用该模型预测了填砂模型和砂岩的相对渗透率曲线，预测结果与实验结果吻合性较高。

Øren 和 Bakke[51]对 Bryant 模型进行了改进，基于多孔介质是由不同直径球体堆积而成的假设，模拟了岩石包括沉降、压实与成岩作用的成岩过程，得到了沉积岩系的微观结构（图 1-4）。因为晶粒的中心位置已知，孔隙网络可用与 Bryant 相似的方法［基于 voronoi tessellation（曲面细分）的方法］从图像中提取出来。这些基于成岩过程构建的岩石微观孔隙结构模型，成功再现了岩土类多孔介质的拓扑结构。很多学者凭借这一模型成功预测了多孔介质中包含单相流体和两相或三相的相对渗透率与毛细管压力在内的流体输运特性[73-75]。Valvatne 和 Blunt[50]于 2004 年采用从毛管力曲线中得到的多孔介质孔隙喉道尺寸分布数据修正了该模型，预测了一系列多孔介质的多相流输运特性。

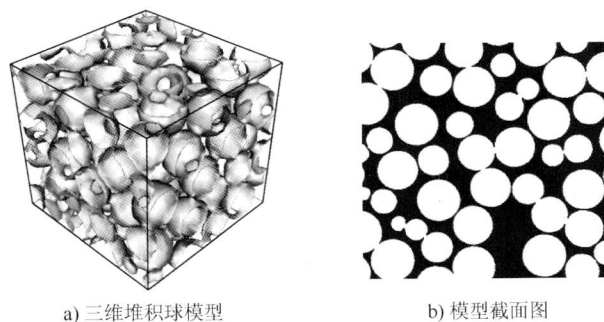

a) 三维堆积球模型　　　　　　　b) 模型截面图

图 1-4　堆积球模型[51]

通过将多孔介质固体颗粒假想为一系列不同尺寸的规则二维几何体（如正方形或圆形），叶礼友[76]于 2008 年提出了一种理想多孔介质模型，如图 1-5 所示。在该模型中，孔隙之间是相互连通的，他们基于 N-S 方程用有限元法成功模拟了流体在微孔隙中的运移情况，并研究了颗粒形状对多孔介质渗透率的影响。借助成熟的有限元软件技术，该模型可观测到微流体运移的情形。然而作为二维模型，并没有考虑到孔隙空间上的连通性。

如果将图 1-5b) 中所示的模型扩展到三维空间，就可以得到三维理想孔隙网络模型：球体代表孔隙，其中的圆柱体代表喉道。通过改变与孔隙连接的圆柱体的数目可以得到不同配位数的孔隙网络模型，如图 1-6 所示。

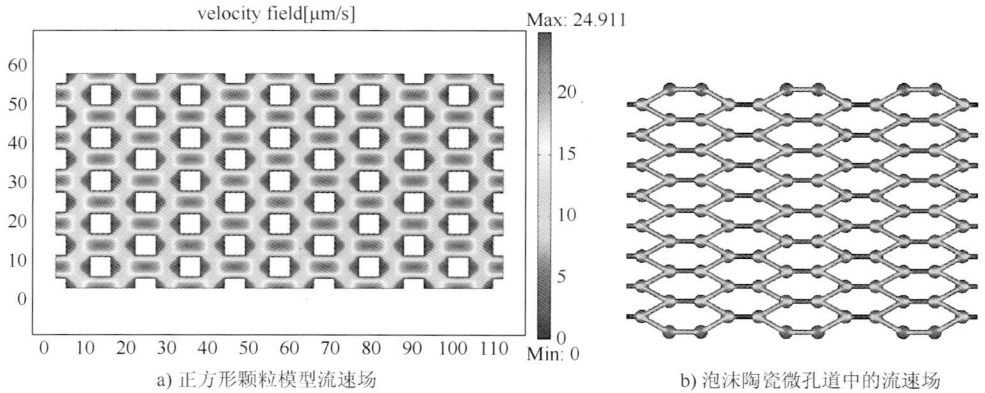

a) 正方形颗粒模型流速场　　　　　　　b) 泡沫陶瓷微孔道中的流速场

图 1-5　基于 N-S 方程的理想二维孔隙模型[76]

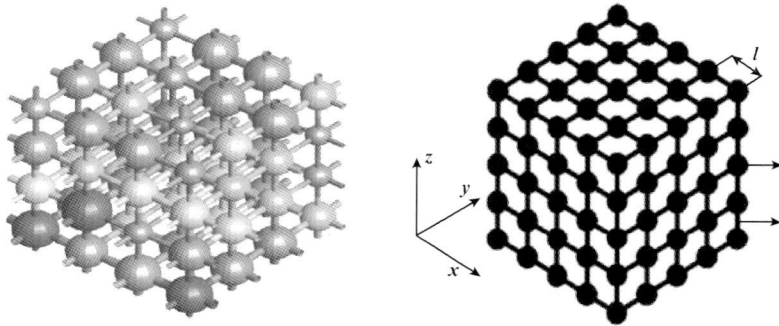

图 1-6　三维理想孔隙网络模型

球体代表孔隙，圆柱体代表喉道[77]

　　Békri 和 Vizika[78]利用该模型预测了毛管力曲线、孔隙度、渗透率、地层传导率等参数，并与实验测定的结果进行了对比分析，同时成功预测了油水两相渗流机理。Wu 等[79]基于该模型研究了燃料电池中氧气在气体扩散层的有效扩散系数。虽然该模型较之以往的二维模型有了很大进步，但仍未实现真实多孔介质中孔隙形状的再现与精确定位。

　　针对岩石多孔介质孔隙模型的研究，学者们提出了一系列的理想微观模型。从本质上而言，这些模型都是由毛管束模型与二维晶格模型发展而来。通过对理想化模型中流体输运特性的研究，可以推导出适用于宏观渗流过程的一些经验关系式，从而将微观渗流研究与宏观工程实际结合起来。此外，在基于真实孔隙网络重建模型的研究中，往往采用了上述模型推导得到的数学模型。

　　虽然这些模型在一定程度上反映了岩石的内部结构，但多为二维模型，无法反映孔隙在空间上的联系；多采用规则几何体来表示孔喉结构，无法反映岩石多孔介质内部孔隙结构的真实形状；多数模型不能准确定位自然岩石中的孔隙与喉道的真实分布情况。

2. 基于岩心微观图像的孔隙重建模型

为了将得到的岩心微观孔隙结构图像转换为可用于数值模拟研究的数字模型，学者们提出了很多从微观孔隙图像中提取岩石孔隙结构的算法。根据数值模拟方法的不同可分为两类：等效孔隙网络模型和微观孔隙有限元/有限体积网格模型。

1）等效孔隙网络模型

Zhao 等[80]于 1994 年开发了一种沿孔道的多平面扫描方法来识别孔隙与喉道。不同扫描平面相互覆盖的局部最小值被定义为喉道。虽然该方法无法准确定位图像中的孔隙位置，但为后续的研究指明了方向：孔隙与喉道的识别及其位置与尺寸的获取、孔隙间的连通性对提取微观孔隙网络模型至关重要。该模型随后被其他学者采用以获取沿孔隙骨架的水力学半径[81]。

1996 年，Lindquist[82]提出了基于孔隙中轴线的孔隙提取算法（中轴法）。该算法首先将孔隙简化为沿孔道中心处的中轴线骨架，沿骨架分支及节点处的局部最小值被定义为喉道，从而实现孔隙与喉道的分割。中轴线可以利用图形细化算法或像素收缩算法提取[83]，即通过周围岩石像素同时向内收缩所达到的共同点即为孔隙中点，收缩所经过的路径被定义为孔喉半径。其中，孔隙与喉道分别用球体与圆柱体表示，孔喉半径为中轴线提取过程的收缩半径。

中轴法从理论模型上再现了孔隙的拓扑结构，但仍无法精确识别孔隙与喉道。由于采用极小值作为喉道的识别方法，该算法对数码图像的尖锐凸起很敏感，在算法开始前需要对骨架上的琐碎颗粒进行清理并使其边缘光滑化[84, 85]。同时，算法往往在同一孔隙通道处识别出多个中轴线。图 1-7 给出了图像清理前后提取得到的中轴线效果对比图。

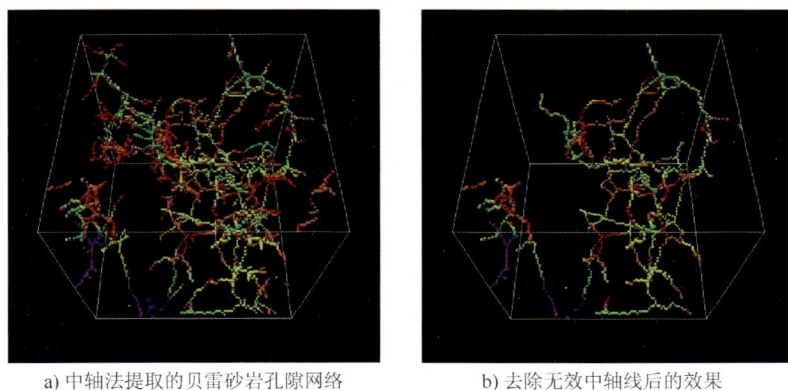

a) 中轴法提取的贝雷砂岩孔隙网络   b) 去除无效中轴线后的效果

图 1-7 基于孔隙中轴线的孔隙提取算法

于是很多学者开发了多种合并算法以修剪骨架使其边界融合，避免出现不合理的高配位数[86]。为了减少识别得到的喉道数目，Sheppard 等[87]于 2005 年开发了一种评判与孔隙相连的喉道质量的评估体系，对系统影响较小的喉道将被移除。该评估体系采用收缩率（孔隙半径与喉道半径的比值）与长-宽比率的非线性组合表征喉道的质量。通过判定长的、收缩率较小的喉道作为高质量喉道并给出判定阈值，来剔除质量不好的喉道。图 1-8 展示了基于中轴法构建的砂岩孔隙网络模型。

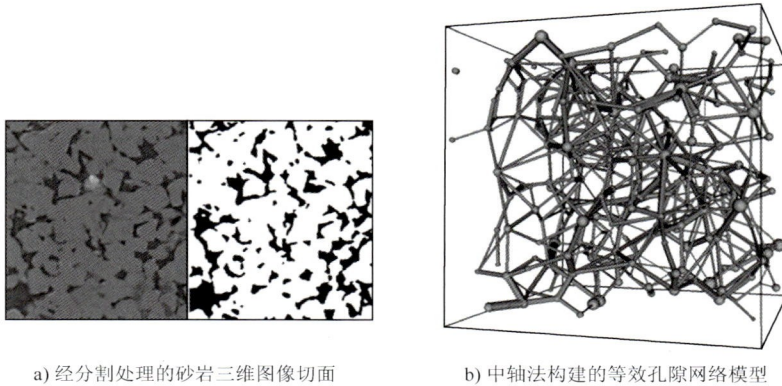

a) 经分割处理的砂岩三维图像切面　　　　　　b) 中轴法构建的等效孔隙网络模型

图 1-8　中轴法构建的等效孔隙网络模型[87]

Silin 等[88]于 2003 年开发了最大球算法（图 1-9），该算法由孔隙的每个像素出发搜索接触到骨架或边界的最大内切球。包含于其他球体中的球被视为无效而被剔除，剩余的最大球即为无冗余的孔隙。进而将局部较大半径的球定义为孔隙，孔隙之间半径较小的球被定义为喉道。最大球法最初被用于研究毛细管压力而并非岩石孔隙网络建模。

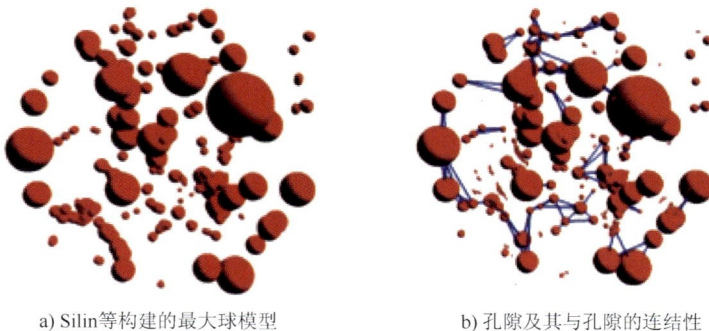

a) Silin等构建的最大球模型　　　　　　b) 孔隙及其与孔隙的连结性

图 1-9　最大球法示意图[89]

Al-Kharusi 和 Blunt[90]于 2007 年将最大球方法应用于砂岩与碳酸盐岩样品的孔隙重建研究。所采用的最大球构建方法与 Silin 等相同，即由每个像素出发搜索，但最大球的判定准则更为复杂。在 Silin 等的算法中，只有主球与从属球的关系，即相对于其相邻球而言为较大球与较小球。Al-Kharusi 和 Blunt 提出了一种新的关系——球簇，即相同半径的球。该方法解决了算法在识别琐碎小球时的不确定性。他们使用该模型进行了单相流与两相流的模拟，并预测了绝对渗透率数据。但该方法需要巨大的计算存储空间而只能计算大约 1000 个孔隙。

Dong 和 Blunt[91]于 2009 年在 Silin、Al-Kharusi 和 Blunt 等的研究基础上进一步修正了孔隙与喉道的定义方式。通过将图像像素转换为只包含 "0" 或 "1" 的数据文件定位孔隙的中心从而构建最大球。从直径最大的球入手将其定义为孔隙，继而是直径第二大的球，并以此类推。两个较大的球被其他较小的球链连接并在某处相遇，两大球间由小球组成的球链被定义为喉道。他们使用该模型预测了绝对渗透率、油水相对渗透率曲线、地层因数等一系列参数，预测值与室内实验结果吻合较好。图 1-10 展示了采用最大球改进算法提取孔隙网络模型的过程。Zhao 等[92]、Raeesi 和 Piri[93]利用该模型研究了岩心润湿性、残余油分布等参数与界面张力、毛管力和流体饱和度之间的关系。

a) Berea砂岩CT图像断面图　　　　b) Berea砂岩三维图像　　　　c) 提取得到的孔隙网络模型

图 1-10　最大球法改进算法提取孔隙网络模型过程[92]

以上各种算法均基于三维孔隙微观图像构建网络模型，而这些原始图像多为灰色或彩色图像。研究者往往将其二值化，即变为黑白图片来识别孔隙与固体骨架。然而，在进行图像二值化的过程中，中等 RGB 值的像素很难实现孔隙与固体颗粒的精确分割，研究人员往往将这部分区域定义为孔隙或固体骨架。事实上，在岩石内部，该部分是由一系列具有低渗透性的微孔结构组成，显然将其定义为孔隙或固体颗粒都不够精确。Bauer 等[94]于 2012 年开发了一种双重孔隙网络模型来解决这一问题，他们将碳酸盐岩中的孔隙分为宏观孔隙（macropores）和微观孔隙（micropores），并采用图像灰度值来实现三值分割，具体见图 1-11。通过采用球体表示宏观孔隙，微观孔隙用具有一定渗透性能的正方体表示，用圆柱体来表示连接它们的喉道，改进了岩石渗透率、地层因数等参数的预测精度。该双重孔隙网络模型见图 1-12。

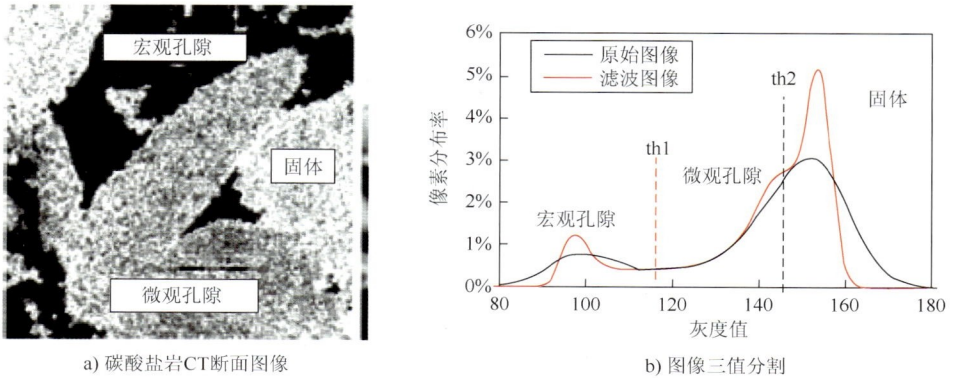

a) 碳酸盐岩CT断面图像 　　　　　　　b) 图像三值分割

图 1-11　基于灰度图像的宏观孔隙、微观孔隙和固体颗粒分割示意图[94]

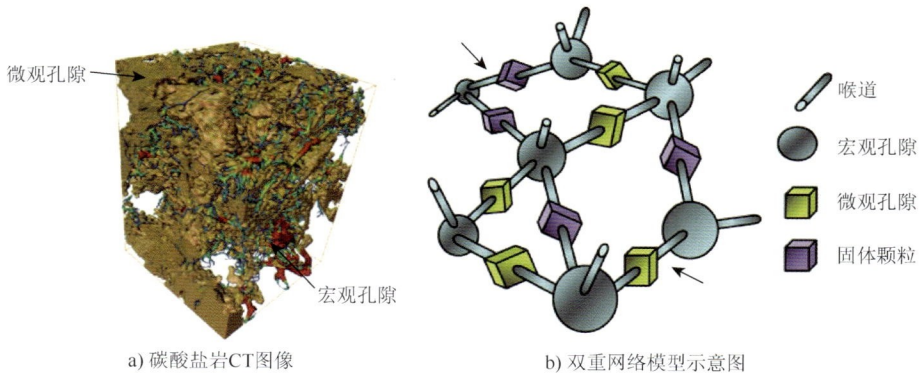

a) 碳酸盐岩CT图像 　　　　　　　b) 双重网络模型示意图

图 1-12　双重孔隙网络模型[94]

　　Jamshidi 和 Nejad 等[95, 96]开发了一种基于遗传算法的孔隙网络提取算法，该法将孔隙网络模型中孔隙数目、半径和位置、配位数以及喉道半径与长度作为优化参数，采用遗传算法与原始岩石 CT 图像进行对比优化，通过与实验测得的岩石渗透率等参数的对比优化，获得一种可靠的孔隙网络模型。该算法通过多参数的对比优化，提供了一种更具说服力的孔隙网络模型，提高了多相流体预测的精确性。优化得到的模型、模型截面与原始岩石 CT 图像相同位置截面的对比见图 1-13。

a) 优化后的孔隙网络模型

b) 孔隙模型断面图

c) 原始岩石CT图像断面图

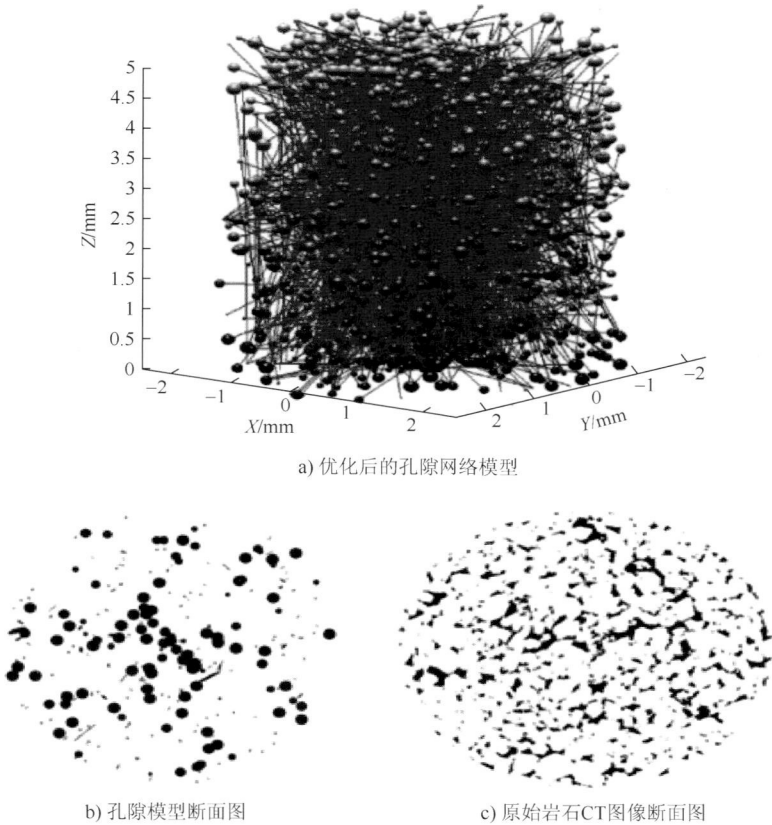

图 1-13 基于遗传算法优化的孔隙网络模型重建[96]

由于以上提到的孔隙网络模型均采用球体和圆柱体等规则形状来表征孔隙与喉道,因此被称为等效孔隙网络模型。在天然岩石中,孔喉的形状则是不规则的多边形,为了消除因该项假设带来的计算误差,很多学者在计算过程中引入了形状因子(截面面积 A 与周长 P 平方的比值)这一概念[97]。在计算的过程中,将形状因子按照特定的分布赋予孔隙与喉道,在一定程度上提升了计算精度,但该方法仍无法完全还原真实孔隙的形状及其分布。图 1-14 所示为部分图形的形状因子。

等效孔隙网络模型从孔隙数目、尺寸和位置分布上再现了真实多孔介质的微观结构,但在孔隙拓扑结构上表现力较差。该部分研究作为近年来该领域的研究热点,取得了卓有成效的研究成果。但该部分研究只考虑了流体场的影响,

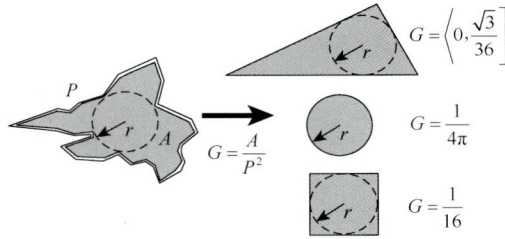

图 1-14　形状因子示意图以及三角形、圆形、正方形的形状因子[97]

未涉及现实渗流过程中存在的固体变形、传质传热问题，也反映了此类模型的局限性。

2）微观孔隙有限元/有限体积网格模型

随着计算机硬件水平的进步和商用有限元软件的发展，可以利用图像处理技术和网格划分技术进行微观孔隙模型的重构研究。有限元软件（如 Comsol，Abaqus，ANSYS 等）及有限体积法软件（如 Fluent）是数值计算的基础，由于两种网格可以相互转换，此处将其统称为有限元网格模型。由于商用计算软件强大的计算能力，该领域具有广阔的应用前景。

Ye 等[98]于 2007 年开发了一种将二维孔隙图像转化为有限单元网格的技术，通过搜寻固体颗粒的边缘像素并将搜索到的各点联结起来形成孔隙结构几何模型，采用有限元软件 Comsol 进行网格划分，开展了数值模拟研究。由于再现了多孔介质微观孔隙图像的真实几何结构，该模型可被认为是真实的多孔介质孔隙模型。Gunde 等[99]采用同样的模型模拟了水/CO_2驱油的过程。图 1-15 所示为基于二维孔隙结构模型的水驱油模拟结果。

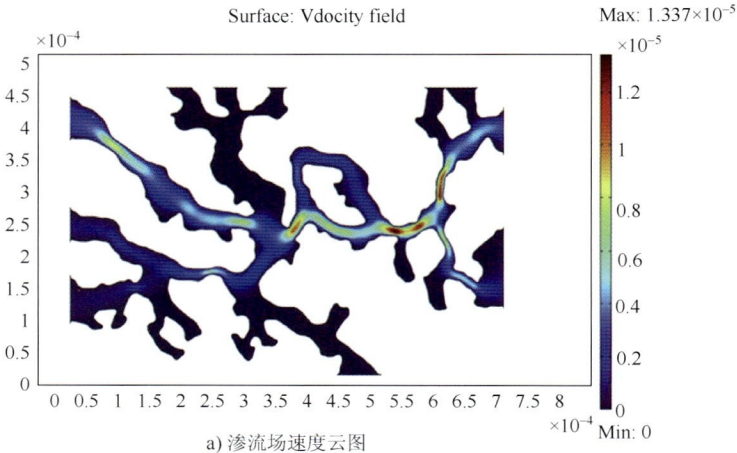

a) 渗流场速度云图

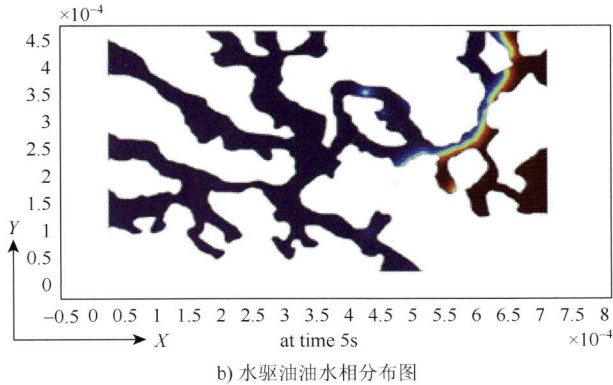

b) 水驱油油水相分布图

图 1-15 基于 Comsol 软件的二维水驱油过程模拟[99]

  将这类模型由二维扩展至三维空间，原有的建模方法已不能胜任。多段线构成的空间几何体将会占用大量的计算机存储空间（以 512^3 像素得到的重构图像大约有 1GB），在有限元软件中对这样的几何体进行网格划分几乎是不可能成功的。Wiederkehr 等[100]曾利用连续切片的方法构建了三维多孔介质骨架模型，并在 ABAQUS 中划分了有限元网格，但该模型在 Z 方向切片数量很少，只能展示很小一部分孔隙结构，为了减少网格数量他们还剔除了大量小孔隙，改变了原始孔隙的真实结构。

  为解决这一问题，许多学者将医学 CT 图像重构软件（如 Amira，Mimics，Simpleware 等）引入了多孔介质微观模型的构建。他们跳过了孔隙结构几何重建这一步骤，直接用面网格包裹孔隙实体，以此为基础生成体积单元网格。Michele Panico[101]于 2008 年采用 Amira 软件重构了记忆合金的微观孔隙结构模型。Ju 等[102]基于 Mimics 软件构建了岩石多孔介质的微观岩石骨架模型，如图 1-16 所示，并以此为基础分析了岩石在波状压力作用下的变形、失效机理。由于医学重构软件

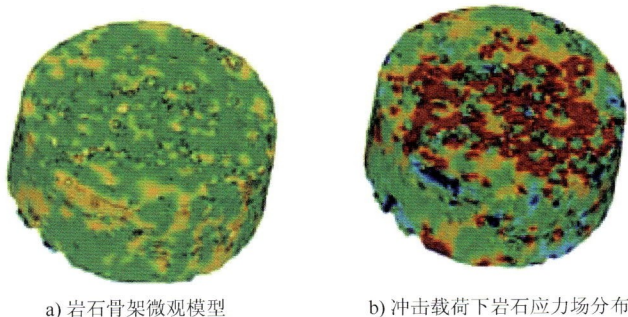

a) 岩石骨架微观模型   b) 冲击载荷下岩石应力场分布

图 1-16 冲击载荷作用下岩石微观变形机理模拟[102]

在网格生成过程中对微小孔隙和尖端的处理使得岩石孔隙特征发生改变，且网格质量难以保证，多用于对网格质量要求不高的固体变形的数值仿真。

虽然多孔介质有限元网格模型的研究起步较晚，但取得了较为丰硕的成果，其应用前景广阔。但该建模技术如今也存在几点问题急需解决：模型拓扑结构与原始图像有所差异且生成的网格质量较差；多物理场耦合研究中固体区域网格与流体区域网格必须完美装配。但多数重构软件在网格划分时采用了网格收缩、膨胀或剔除质量较差的网格等手段来提高生成体积单元网格的成功率，势必造成数值模拟研究的不精确，甚至导致多场耦合模拟的失败。

1.2.2　岩石热-流-固耦合研究现状

1. 流-固耦合研究方面

流-固耦合问题的研究源自对土体固结理论的研究，始于 Terzaghi[103]在地面沉降研究中基于弹性岩土体介质和饱和流体假设提出的有效应力公式和一维固结理论模型。该理论为流-固耦合问题提出了基本的理论框架，但局限于一维渗流和变形的情形且并未考虑土体变形对渗流过程的影响。随后 Biot 将饱和土体的全应力和流体孔隙压力等七对状态变量纳入考虑范围提出了三维固结理论[104, 105]。该理论认为在准静态渗流过程中，孔隙压力只引起各向同性多孔介质发生相同的正应变，只能反映出线性的流-固耦合作用，同时该模型采用了以下假设：土体是饱和的、均质的；固体和液相在固结过程中体积不可压缩，且液相服从达西定律；土体的渗透系数/压缩系数是常数；外荷载是一次性瞬时施加/土体总应力分布不变；土体的变形是弹性的小变形。

在后续岩土体流-固耦合理论研究中均基于上述理论框架，并对原有假设进行改进使其更符合工程实际：由单相流假设改进为多相流，由单一介质、均质模型向非均质的裂隙-基质双重模型等多重介质模型发展，由弹性、小变形岩土体假设改进为更贴近岩土材料实际情况的黏弹性、弹塑性或蠕变等本构模型。例如：Biot[106]在后续研究中将三维固结模型推广到了各向异性多孔介质和动力分析中。Verrujit（De Wiest）[107]进一步提出了 Euler 流体多相饱和渗流的流-固耦合理论模型。葛家理[108]首先假设均质弹性变形储层中的岩石孔隙度、渗透率参数是孔隙压力的指数函数，进而建立了油藏流-固耦合数学模型并得到了解析解。Noorishad 等[109]将 Biot 模型推广到了基质-裂隙介质模型中。Zienkiewicz 和 Shiomi[110]将 Biot 三维固结理论推广到几何和材料非线性的岩土体。Savage 和 Braddock[111]则提出了各向同性弹性介质的广义 Biot 理论。Detournay 和 Cheng[112]基于有效应力原理出发推导了多孔介质弹性变形的流-固耦合数学模型并给出了几种典型工程问题的解析解。Chen 等[113]基于 Biot 理论建立了双孔-双渗介质的流-固耦合数学模型，并利用岩石压缩系数和有效应力等参数得到了三维单相且包含应力-应变的流-固耦合控制方程，成功模拟了含天然裂缝的油藏[114]。冉启全和李士伦[115]建立了可表征弹塑性岩体多相渗流过程的耦合模型并完成了相应的数值求解。Ochs 等[116]建立了含垂直裂缝的二维弹性平面单相渗流流-固耦合数学模型并估算了裂缝附近流体压力和地应力的变化。Vincké 等[117]通过实验发现 Biot 常数随着荷载增加而增加。Klimenton 等[118]通过岩土体渗流-变形实验得出了 Biot 弹性常数是孔隙度、渗透率、黏土含量、孔隙分布、上覆压力及围压的函数这一结论。徐曾和和徐小荷[119]建立了一维非定常渗流流-固耦合基本方程并实现了求解。

油气田开发中的中流-固耦合研究的侧重点逐渐扩展至岩石与流体的相互作用机理上，具体表现为油气储层的应力敏感性研究。早在 1953 年 Hall[120]依据砂岩和石灰岩的应力敏感性实验结果绘制了岩石压缩系数随孔隙度变化的关系曲线，即通常所说的 Hall 图版。Fatt[121, 122]通过岩心应力敏感性实验发现砂岩在 34MPa 的围压作用下，渗透率与孔隙度较实验前分别下降了 25%和 5%。Latchie 等[123]通过对纯砂岩和泥质砂岩两种岩样的对比实验发现，岩心渗透率在循环加载后发生了不可恢复的损伤，其中高渗透性纯砂岩有 4%不可恢复，而低渗透泥质砂岩则高达 60%。Walsh[124]基于对含有裂缝的岩石加载实验，发现有效应力系数随着裂缝的增多在 0.5~1.0 浮动。Walls[125]通过实验研究了不同黏土含量的砂岩岩心在不同孔隙压力、围压条件下孔隙度与渗透率的变化曲线，研究发现：黏土含量较少时，孔隙压力与围压对渗透率的影响是相同的，但随着黏土含量的升高，渗透率对孔隙压力较为敏感。Osorio 等[126]通过实验发现在围压作用下致密气藏岩石渗透率下降高达 90%；Zoback 和 Byerlee[127]开展了贝雷砂岩的应力敏感性实验，也得到了相似的结论。Lewis 和 Sukirman[128]提出了可用于解决油气储层变形影响的流-固耦合数学模型，并通过数值模拟研究了油气开采引起的地面沉降问题。Boutéca 等[129]通过实验发现砂岩的体积系数与孔隙压力和围压呈非线性的函数关系。Gutierrez[130]对比分析了常规和考虑流-固耦合情况下油藏的流压变化发现岩石压缩系数无法完全反映油藏实际的压缩情况。Hsu 等[131]的研究表明渗透率对应力变化较为敏感，而孔隙度在应力作用下变化不大。Sharma 等[132]建立了考虑不同产量多井的试井问题，并采用单井模型研究了渗透率变化对气体采收率的影响。薛世峰[133]建立了两相不混溶流体的流-固耦合数学模型并利用有限元法开展了模拟研究。刘建军和刘先贵[134]基于实验结果发现在有效应力作用下岩样的渗透率和孔隙度均减小，且由于岩石塑形变形引起的孔隙度和渗透率降低在卸载后无法恢复。类似的，许多学者通过岩石加载实验拟合出岩样渗透率与有效应力间的经验关系式，多采用指数形式[135]或乘幂形式[136-139]。Wang 和 Xue[140]建立了考虑出砂速度的流-固耦合模型。Bachman 等[141]综合考虑了油藏流动及损害、应力变化及裂缝扩展问题建立了相应的耦合数学模型及其数值解法，为优化处置费用和地面设备设计提供了理论指导。刘建军等[142]基于等效连续介质假说建立了裂缝性低渗透砂岩油藏流-固耦合数学模型，并结合实际区块储层信息及开发指标开展了数值模拟研究，对比分析了该模型与刚性模型及双重介质模型的优缺点。周志军等[143]建立了考虑启动压力梯度的低渗透储层流-固耦合数学模型。熊伟等[144]将渗透率、孔隙度、压缩系数看作应力的函数建立了变形多孔介质多相流体流-固耦合数学模型。向阳等[145]开展了致密砂岩气藏应力敏感性实验研究，发现致密砂岩天然气大生产压差开采条件下会造成矿物微颗粒的运移从而堵塞孔道，同时有效应力的增大又使得储层进一步压实。苏海波[146]建立了考虑边界层效应的低渗透油藏渗流模型，该模型能较好反映出启动压力梯度的动态连续变化。随着非常规油气开采水力压裂等增产措施的发展和需要，流-固耦合理论的研究朝着考虑吸附解析或断裂力学等方向发展，如 Zhang 等[147]将吸附过程引起的体积应变引入 Biot 本构模型推导了页岩水力压裂和气体开采的流-固耦合数学模型；Garagash 等[148]基于 Biot 本构导出了在压裂液黏性和岩石断裂韧性主导下的裂缝尖端应力场奇异性，诠释了页岩的起裂过程。此外，采用经验或半经验的公式，国内外学者还建立了多种油气储层（如低渗透油藏、低渗透气藏、裂缝型油藏、碳酸盐油藏）多相渗流与岩石骨架变形的耦合模型，主要为两相或三相流体（油、气、水）达西渗流或非达西渗流与储层线弹性变形、非线性弹性变形、弹塑性变形、弹塑性-损伤模型等的耦合方程及其数值求解的方法研究[149-155]。

2. 热-流-固耦合研究方面

流-固耦合理论是基于恒定温度场的基本假设，然而自然界中流-固耦合系统的温度场往往是随时间变化的。尤其是在诸如地下水开采、地下核废料储存处理系统、水利水电工程、冻土地区隧道涌水及油气管道运行、煤层瓦斯开发利用、石油热采或注水开发、地热利用、地下储气库或 CO_2 封存设施等与岩石密切相关的工程实践中，温度的影响至关重要而无法忽略不计，因此热-流-固三个物理场的耦合机制逐渐引起研究人员的关注[156]。Aktan 和 Ali[157]于 1978 年研究了由于注入热水开发引起的储层热应力问题。Bear 和 Corapcioglu[158]研究了地热利用过程中，地层中岩土区域的渗透率随地应力和地层温度的变化规律。Noorishad 等[109]首次给出了饱和孔隙介质的三场耦合方程组。Hart 和 John[159]论述了热-流-固三场耦合的作用机理和模式。Vaziri[160]建立了非等温单相渗流和非线性弹性变形地层的热-流-固模型，并基于有限元法给出了该模型的数值解，通过数值模拟发现应力引起井眼周围储层岩石压密是导致产量剧降的主要原因。Lewis 和 Sukirman[128]研究了油藏在考虑地层温度和油气开发造成的地面沉降效应的储层渗流规律，主要分析了温度场和岩石变形对储层渗流规律的影响以及流体渗流过程对地层温度场的影响。Tortike 等[161-163]建立了弹塑性岩体三维热-流-固三场耦合数学模型,并基于有限元法和有限差分法显式交替的方式开展了数值模拟研究。Gutierrez 等[164]建立了一个模拟裂缝性储层冷水注入过程的耦合数学模型,但未考虑固-热耦合效应。Gatmiri 和 Delage[165]给出了饱和土的热-流-固耦合微分方程组。Bower 和 Zyvoloski[166]提出了饱和双重介质的热-流-固三场耦合数学模型。Thomas 等[167]给出了饱和孔隙介质非等温固结控制方程组。Neaupane 等[168]推导了各向异性非饱和-饱和孔隙介质三场耦合控制方程组。Rewis 等[169]采用有限差分法分析了五点法布井时地应力场随地层温度的变化规律。黄涛等[170]对等效性能场之间耦合作用机理进行了研究。赖远明和吴紫汪[171]提出了带相变的三场耦合数学力学模型。刘建军和梁冰建立了考虑煤层瓦斯非等温条件下渗流规律的热-流-固耦合数学模型,并利用编制的代码开展了相应的数值模拟研究[172-174]。刘亚晨等[175]从不可逆热力学基本原理出发,导出了饱和裂隙岩体介质热-液-力三场耦合方程组。王瑞凤和赵阳开[176]给出了三维裂隙网络的高温岩体热-流-固耦合方程组。王自明[177]研究了油藏热-流-固耦合机理,并提出了可模拟变温变形油藏渗流、岩石变形、温度变化的非完全和完全耦合两种数学模型。Freij 等[178]建立了考虑热-流-固-化学四个物理场相耦合的页岩储藏数学模型,并分析了页岩气井的井壁稳定性。刘泽佳和李锡夔[179]提出了非饱和多孔介质内热-流-固耦合的混合单元法。蒋中明和 Dashnor[180]提出了一种通过调整有限元计算中岩体的孔隙度和渗透率的方法来模拟热-流-固耦合中的非线性孔隙弹性问题。盛金昌[181]推导了岩石多孔介质的流-固-热三场耦合数学模型;王志国等[182, 183]给出了适用于稠油热采的两箱、三箱模型,其中的"白箱"即为孔隙结构已知的多孔介质区域。曹文炅等[184]建立了饱和多孔介质单相流体在变物性参数条件下地热系统的三维热-流-固耦合计算模型。

总体来看,现阶段的岩石热-流-固耦合机理的研究多基于 Terzaghi 的有效应力原理及 Biot 提出的三维土体固结理论,通过对其所采用的基本假设进行修正,使方程更接近岩样所处的现场环境。但这些研究均基于宏观连续介质的研究思想,将固体骨架和孔隙中的流体当作一个连续体来表征多孔介质系统。该假设条件下,岩土体被当作一系列具有可定义状态变量(如孔隙度、渗透率、液相饱和度等)的质点,兼具流体和固体双重材料属性,分别能承受应力和流体压力的作用。然而现实情况下,流体和固体分别占有各自的区域,流体在结构复杂且无序分布的孔隙通道中流动,且孔隙形状随工况的变化亦发生改变,再加上多相流状态下,流体物性与分布也是时时变化的,因此,基于现有岩石微观成像技术,开发一种通用的岩石孔隙尺度的数字岩心模型重建方法,将岩心图像转化为可用于数值计算的网络/网格模型,并将该模型应用于多孔介质中的热-流-固耦合机理研究是很有必要的。该研究不仅是一项国际前沿课题,更能从细观的角度揭示多孔介质中热-流-固相互作用机理,更好地为工程实践活动提供技术指导。

1.3　主要研究内容与技术路线

主要依托国家自然科学基金面上项目"应力作用下孔隙结构演化及其对水驱油效果的影响"（编号为 51174170）开展研究，并将项目原有的流-固耦合研究扩展为热-流-固三个物理场耦合条件下微尺度两相流体的渗流机理研究。

1.3.1　主要研究内容

为了从细观上揭示岩石内部热-流-固耦合机理及孔隙结构变化对相关工程实践（以油田开发为例）的影响，采用实验研究、理论分析与数值模拟相结合的方法，通过宏观与微观研究的相互渗透，开展了基于渗流力学、岩石力学、图形图像学、计算力学的学科交叉研究，具体研究内容如下：

（1）岩心 CT 扫描实验和三维孔隙结构模型重建：以砂岩和碳酸盐岩为研究对象，开展了典型岩心的 CT 扫描实验，结合对 CT 扫描图像的数据分析，开展包括孔隙连通程度、孔隙度、孔隙和喉道尺寸及孔径分布等参数的岩石孔隙结构特征研究。

（2）三维孔隙结构数值模型重建：基于图像处理、模式识别、计算机图形学、虚拟现实等理论和技术，实现三维岩心 CT 图像的转化，提出等效孔隙网络模型的改进算法，研究了基于 Mimics 软件的微尺度岩心非结构化网格模型重建的方法，开发了微尺度岩心结构化网格模型的程序。开展了等效孔隙网络模型、非结构化网格模型和结构化网格模型在拓扑结构、网格质量及应用性上的对比分析研究。

（3）孔隙流体流动与骨架变形耦合模型及数值计算方法：基于两相流体力学及热-流-固耦合力学理论，建立了孔隙尺度变形、变温岩体油水两相渗流数学模型。基于有限元方法，研究了数学模型的实现途径。

（4）水驱油渗流微观数值模拟及对比实验：以孔隙结构模型和数值模拟软件为基础，结合二维玻璃平板微观渗流的实验条件，开展孔隙尺度下水驱油微观渗流的数值模拟研究。根据孔隙结构分布制作二维玻璃光刻微观模型，开展水驱油微观物理模拟的实验研究。通过数值模拟结果与物理模拟结果的对比分析，校验了孔隙流体流动模型的可靠性。

（5）应力作用下孔隙结构演化规律及其对水驱油效果影响的数值模拟：基于建立的三维孔隙结构模型和开发的计算程序，针对孔隙结构变形和孔隙流体流动的主要影响因素，开展不同围压和孔隙压力作用下油水两相孔隙流体流动与骨架变形的数值模拟，研究了应力作用下孔隙结构的演化过程及其对水驱油效果的影响。将孔隙尺度的微观研究成果与油田注水开发的实际应用相结合，研究了应力敏感性对油气田开发过程的影响。

（6）热-流-固耦合条件下有效应力与温度参数对油田开发影响的数值模拟：基于岩石孔隙尺度模型，构建了热-流-固三场耦合的数学模型，通过数值模拟研究预测了油田开发过程中应力及温度参数对开发效果的影响，为充分发挥油田产能提供科学依据。

由此可以看出，岩石细观热-流-固三场耦合需要相应的物理模型与数学模型支撑，本书第 2 章介绍了 CT 成像实验，为物理模型重建研究提供基础图像数据，第 3 章介绍了改进后的孔隙流体渗流数学模型，为本书研究提供数学模型支撑；第 4 章、第 5 章、第 6 章、第 7 章分别从二维和三维的角度提出了孔隙模型的重建方法，为本书研究提供了模型支撑。

1.3.2　研究技术路线

本书采用实验、理论和数值模拟相结合的方法，围绕岩石微尺度模型重建、孔隙微流体输运方程改进、微尺度模型渗透率预测、油水驱替规律研究以及温度和应力对水驱油效果的影响等问题，开展了岩石热-流-固细观耦合机理及孔隙结构变化对油田开发过程的影响研究，研究内容的核心是温度和应力变化条件下孔隙尺度流体流动和孔隙结构变形分析。其中，孔隙结构测定实验、微观渗流实验和岩石加载实验是数值模拟研究的校验准则，理论研究将微观层面的数值计算与宏观层面的渗流研究结合起来，是进行孔隙尺度流体流动和孔隙结构变形分析的基础，数值模拟是理论分析和实验研究的充实和深化，是研究孔隙结构特征、温度场和应力场对油田开发效果影响的主要手段。本书的主要技术路线如图 1-17 所示。

在实验研究方面：一是应用 CT 扫描，获取孔隙和喉道的定量表征，构建三维孔隙结构模型；二是通过与孔隙结构数值模型相对应的二维玻璃薄片模型开展水驱油的微观物理模拟，校验孔隙尺度流动模型的合理性；三是通过岩石微米压痕实验，提取岩石微观力学参数作为基准数据；四是基于岩石加载实验获取应力应变曲线，通过与孔隙尺度数值模拟结果的对比分析，校验岩石骨架变形数值模拟的合理性。

在理论建模方面：一是通过多相流体力学、渗流力学、多孔介质渗流物理学、计算力学等多学科的交叉研究，建立孔隙流体热-流-固耦合数学力学模型，该模型是数值模拟研究的基础；二是基于岩石孔隙尺度建模和渗流力学理论，结合油田开发的实际过程，研究孔隙流动与骨架变形的主要影响因素，通过对数值模拟结果的分析研究，实现微观层面数值计算与宏观层面渗流研究的结合。

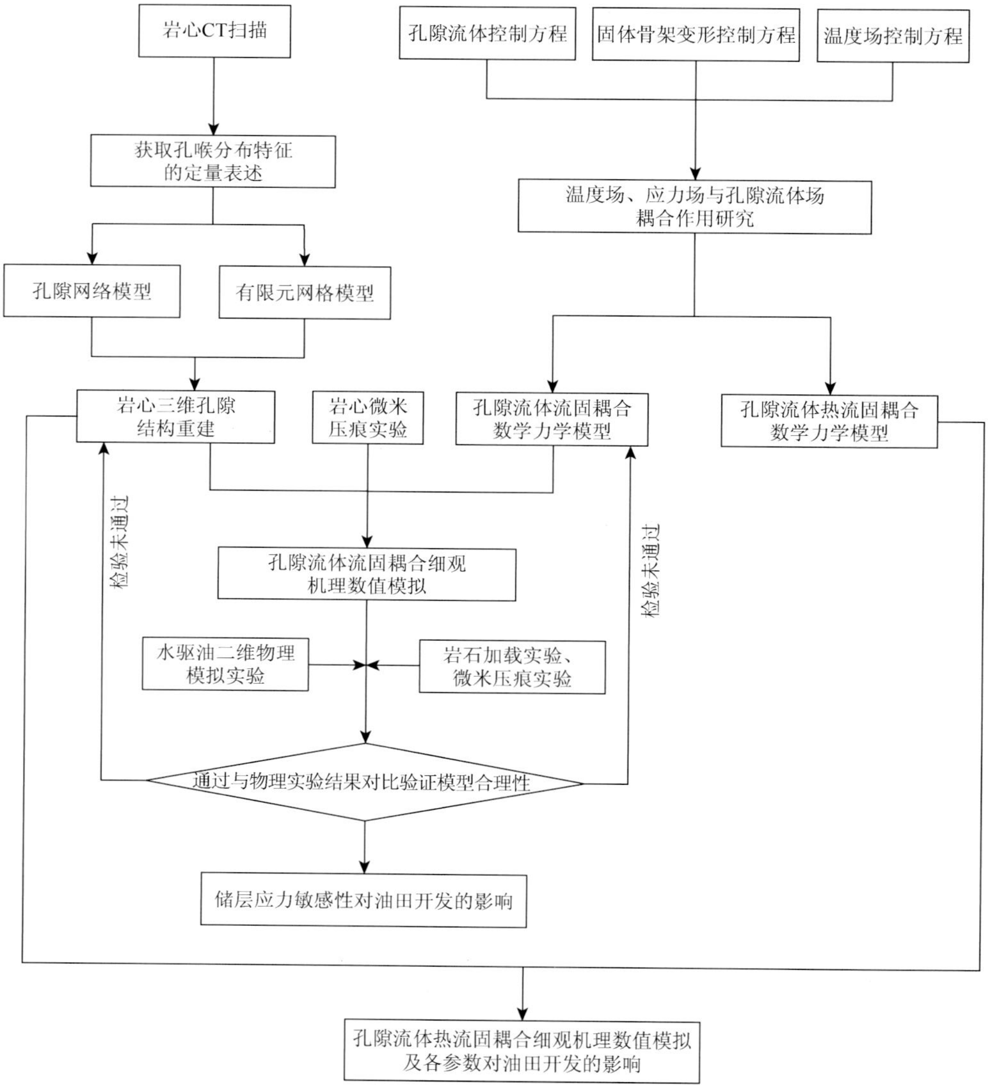

```
┌──────────┐        ┌────────────┐  ┌──────────────┐  ┌────────────┐
│ 岩心CT扫描 │        │孔隙流体控制方程│  │固体骨架变形控制方程│  │ 温度场控制方程│
└──────────┘        └────────────┘  └──────────────┘  └────────────┘

┌────────────┐                  ┌─────────────────┐
│ 获取孔喉分布特征 │                │ 温度场、应力场与孔隙流体场 │
│ 的定量表述    │                 │ 耦合作用研究       │
└────────────┘                  └─────────────────┘

┌──────────┐  ┌──────────┐
│ 孔隙网络模型 │  │ 有限元网格模型 │
└──────────┘  └──────────┘
```

┌─────────┐ ┌────────┐ ┌──────────────┐ ┌──────────────┐
│ 岩心三维孔隙 │ │ 岩心微米 │ │ 孔隙流体流固耦合 │ │ 孔隙流体热流固耦合 │
│ 结构重建   │ │ 压痕实验 │ │ 数学力学模型   │ │ 数学力学模型   │
└─────────┘ └────────┘ └──────────────┘ └──────────────┘

检验未通过

┌──────────────┐
│ 孔隙流体流固耦合细观 │
│ 机理数值模拟   │
└──────────────┘

┌────────────┐   ┌──────────────┐
│ 水驱油二维物理 │   │ 岩石加载实验、   │
│ 模拟实验   │   │ 微米压痕实验   │
└────────────┘   └──────────────┘

检验未通过

◇ 通过与物理实验结果对比验证模型合理性 ◇

┌────────────────────┐
│ 储层应力敏感性对油田开发的影响 │
└────────────────────┘

┌──────────────────────────┐
│ 孔隙流体热流固耦合细观机理数值模拟   │
│ 及各参数对油田开发的影响   │
└──────────────────────────┘

图 1-17　主要技术路线图

在软件编制和数值模拟方面：一是开发基于岩石孔隙结构 CT 扫描数据的三维重建与定量分析软件；二是通过与物理模拟结果的对比分析，开展算法的改进研究；三是通过多因素数值模拟研究有效应力及温度场变化条件下孔隙结构的演化规律，通过孔隙尺度热-流-固耦合条件下的油水两相流动分析，研究孔隙结构特征、温度场和应力场对油田开发效果的影响。

第 2 章　岩心微 CT 成像及孔喉参数获取

正如第 1 章所言，在诸多岩石孔隙结构成像技术中，由于成像原理的不同，所获得的岩石孔隙结构图像及分辨率各有差异。需要说明的是，文中图像分辨率是指图像的空间分辨率，即图像中能识别的最小结构尺寸，也就是最小的像素尺寸，图像分辨率越高，像素尺寸越小。从这些图片可以获取直观的岩石内部孔隙、裂缝或岩石颗粒的尺寸与分布情况。本章概述了各种微观成像技术的成像原理及优缺点述，并介绍了微 CT 成像的原理及过程，分析了不同图像处理算法对模型孔隙度的影响，并利用 MATLAB 编程计算了岩心图像的孔隙度及孔径分布数据。

2.1　岩心微 CT 成像实验

2.1.1　岩心成像简介

现阶段有多种技术可用于获取不同分辨率的岩石孔隙级图像，依据图像维数的不同大致可分为二维成像、准三维成像和三维成像技术。其中，岩石铸体薄片多采用光学显微镜成像；扫描电子显微镜、环境扫描电镜、冰冻扫描电镜是利用高能入射电子轰击物体表面激发出的次级电子进行成像，分辨率一般可达 0.5～1.0nm；原子力显微镜通过测量探针与被测样品表面间微弱的原子相互作用力获取样品表面参数；这些技术只能获取样品的表面特征，属于二维成像技术。图 2-1 所示为一张

图 2-1　岩石二维 SEM 图像

岩石的电镜扫描图像，从中可以看出其二维成像的显著特征。

准三维成像技术包括连续切片技术和激光共聚焦显微镜技术。连续切片技术将岩石做成连续的铸体薄片成像后利用图像插值重建得到三维岩石图像，切片图像的分辨率取决于成像显微镜，但层间的分辨率则受限于岩石切片的厚度，多大于100μm，同时切片及抛光过程的机械损伤也会对岩样的孔隙结构造成影响；激光共聚焦扫描显微镜利用激光逐点、逐行、逐面快速扫描成像，通过调整焦距获取不同景深的样品表面图像，经计算机重建获得样品的立体结构图像，但其探测厚度有限，且不能分辨孤立的孔隙。由于这些成像技术获得的三维图像均非岩石在空间上的最真实反映，介于二维与三维成像技术之间，因此被认为是准三维的成像技术。图2-2为一幅利用激光共聚焦扫描显微镜得到的岩石图像（分辨率为几百纳米），可以看出该图像并非真正的三维图像，而只是对岩石一个很薄区域的扫描。

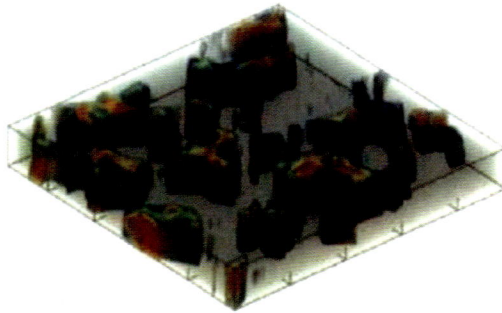

图2-2　激光共聚焦扫描显微镜的岩石图像[185]

在三维成像技术中，核磁共振和微CT成像技术应用最为广泛。核磁共振技术通过监测岩石内可动流体来表征岩石内部的孔隙结构特征，但无法反映岩石内部的孤立孔隙。微CT成像技术（micro computed tomography，Micro-CT）是一项无损伤真三维成像技术，通过非破坏性的X射线扫描直接获得三维孔隙的图像，本书的模型重建工作主要是基于岩石的微CT图像。

2.1.2　微CT成像技术

微CT成像又称X射线计算机断层成像（X-ray computed tomography，X-CT），根据X射线穿过旋转样品后射线的衰减情况进行成像，进而利用电脑进行几何重建获取扫描样品的三维影像。自第一台Micro-CT系统问世以后的30多年里[186]，Micro-CT技术已被广泛应用于医疗[187, 188]、石油工业[189-191]、煤炭[192-194]、材料行业[195]等。在不破坏材料原始形态的前提下，微CT成像的分辨率达到孔隙级（即微米和亚微米级），且可以真实再现扫描样品内部高分辨率的三维结构特征。其工作原理如图 2-3 所示。样品通过样品控制台进行高精度的定位和旋转，X 射线穿过样品，探测器用于接收图像，这些组件均通过计算机进行控制。每旋转一个角度获得一张透视图，这些图片作为原始信息用于计算机处理和 3D 图像重构。

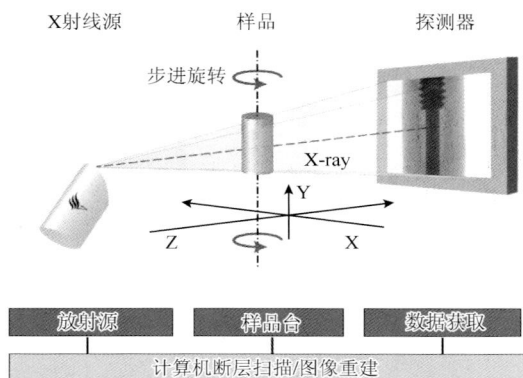

图 2-3　Micro-CT 的基本部件及工作原理示意图[196]

2.1.3　三维岩石微观 CT 图像

1. 微观 CT 成像过程简介

本书主要采用西南石油大学油气藏地质及开发工程国家重点实验室的蔡司 xradia MicroXCT-400（如图 2-4 所示）开展了岩心三维微观成像工作。该设备相应的技术参数如下：

（1）X 射线源：加速电压：40～150kV；功率：≤10W；

（2）探测器：4X-分辨率 5μm；10X-分辨率 2.5μm；20X-分辨率 1.5μm；

（3）CCD 数字成像系统：2k×2k 像素，16bit，有效像素尺寸 0.65～6.75μm；

（4）样品台移动范围：$X \geqslant 45mm$，$Y \geqslant 100mm$，$Z \geqslant 50mm$，360° 旋转，承载力 ≤15kg。

岩心微观 CT 图像成像流程：

（1）取样：为了确保获取高分辨率的岩样三维图像，被扫描样品必须是尺寸较小的匀称岩样。采用电钻从标准岩心上取出尺寸较小的圆柱形岩样，如图 2-5 所示。

（2）成像：将取出的岩心样品固定在样品安置台上，关闭样品台外盖，开启成像程序，一般每个样品须扫描 15～20h。

2. 本书中所使用的岩样微观 CT 图像

本书中所采用的岩样微观 CT 图像依据来源的不同分为三类：

a) 蔡司xradia MicroXCT-400外观图　　　　　　b) 岩心放置台、射线装置及CCD成像设备

图 2-4　蔡司 xradia MicroXCT-400

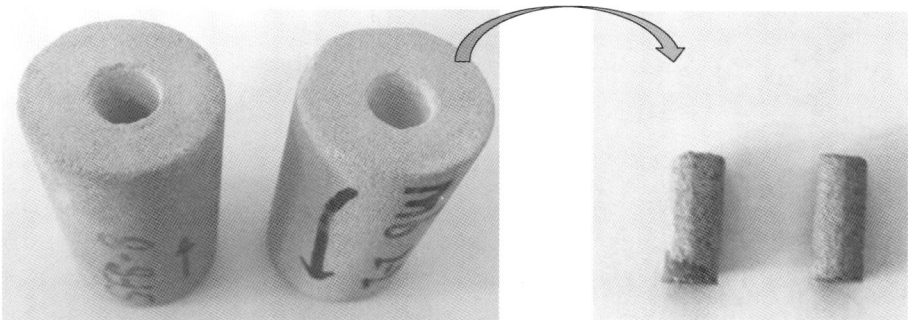

a) 原始岩心　　　　　　　　b) 成像用小岩心，尺寸为5mm×12mm

图 2-5　原始岩心样品及钻取的成像用小岩心

（1）课题组自行制备的岩心微观 CT 图像，包含砂岩、人造砂岩、碳酸盐岩及致密砂岩图像，岩心 XY 截面图像及图像分辨率、像素数等数据如图 2-6 所示。

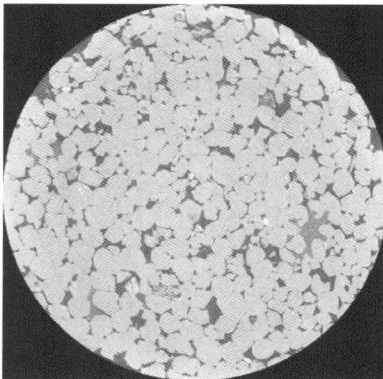

砂岩S1
分辨率：4.956μm/像素
图像像素数：700×700×584

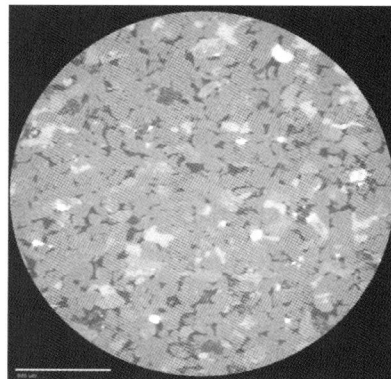

砂岩S2
分辨率：5.133μm/像素
图像像素数：980×1006×984

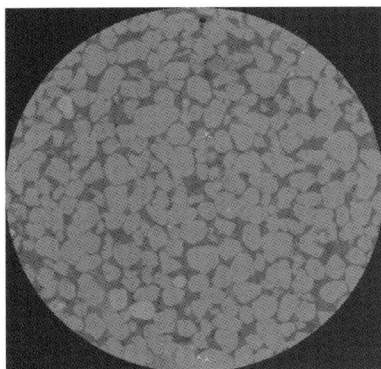

砂岩S3
分辨率：3.845μm/像素
图像像素数：500×500×484

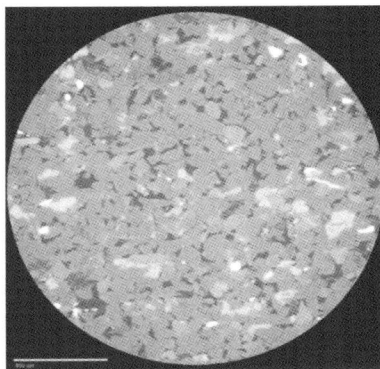

砂岩S4
分辨率：2.51μm/像素
图像像素数：980×1006×984

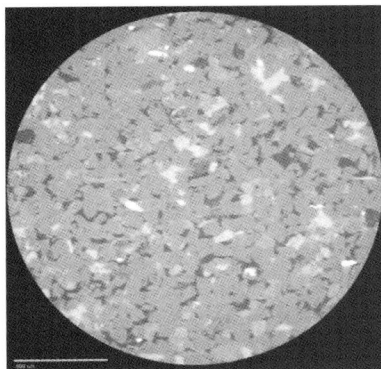

砂岩S5
分辨率：5.01μm/像素
图像像素数：980×1006×984

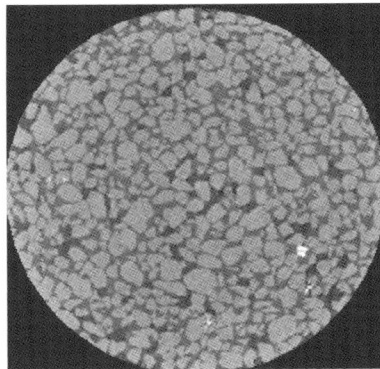

砂岩S6
分辨率：5.01μm/像素
图像像素数：980×1006×984

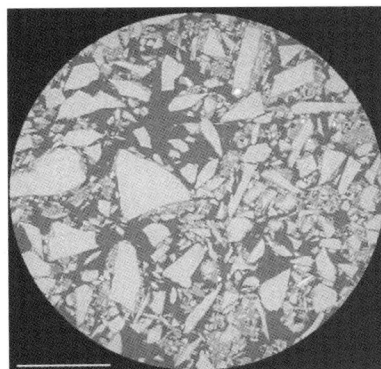

人造砂岩MS1
分辨率：2.0549μm/像素
图像像素数：984×1006×983

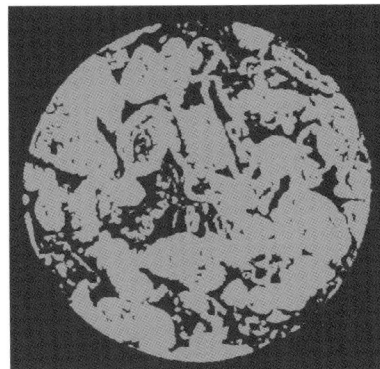

碳酸盐岩C1
分辨率：3.314μm/像素
图像像素数：880×905×885

图 2-6　岩心三维图像的 XY 截面

其中 MS1 的 *XZ*、*YZ* 截面视图以及三维图像如图 2-7 所示。

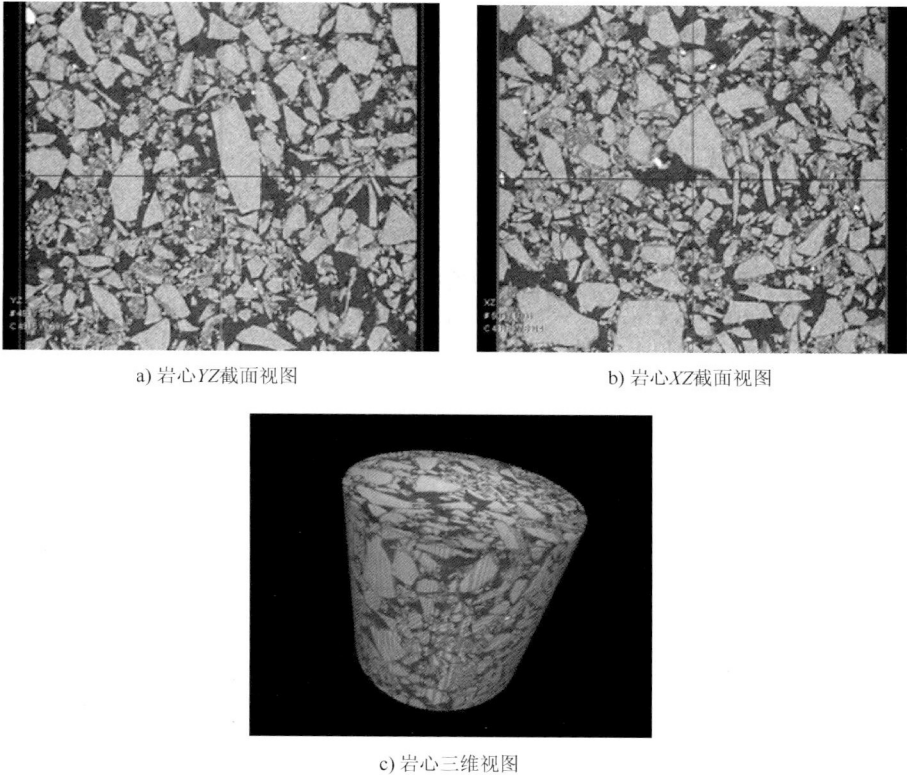

a) 岩心*YZ*截面视图

b) 岩心*XZ*截面视图

c) 岩心三维视图

图 2-7 岩石微 CT 图像

（2）由于实验条件及岩心制备条件的限制，本书中自行获取的岩心图像仅局限于砂岩岩心，且从图 2-6 可以看出，岩心内部含有大量的泥质成分，不利于本书侧重的孔隙建模及多场耦合渗流问题的研究。因此本书增选了英国帝国理工大学 Blunt 教授的课题组制备的三维岩心孔隙图像作为建模基础，如图 2-8 所示，包含 1 个贝雷砂岩，1 个人造岩心和 1 个合成硅图像，以上数据可在英国帝国理工大学的网站（http：//www3.imperial.ac.uk/earthscienceandengineering/research/perm/porescalemodelling/micro-ct%20images%20and%20networks）获取。

（3）为了进一步研究岩样微小孔隙对渗流机理的影响，本书同时选取了德国斯图加特大学的 Hilfer 教授团队制取的尺寸为 1.5cm×1.5cm×1.5cm 的枫丹白露（fontainebleau）砂岩不同分辨率下的三维孔隙图像[197]，其最高分辨率达 0.5μm（相关资源可在斯图加特大学的网站 http：//www.icp.uni-stuttgart.de/microct/获取）。不

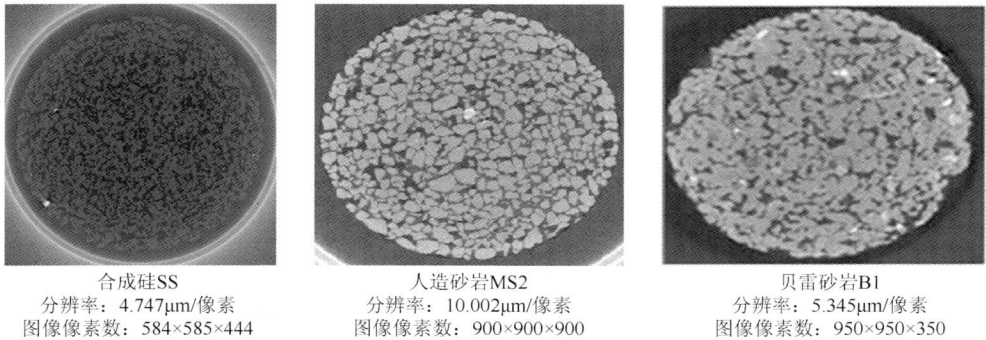

合成硅SS
分辨率：4.747μm/像素
图像像素数：584×585×444

人造砂岩MS2
分辨率：10.002μm/像素
图像像素数：900×900×900

贝雷砂岩B1
分辨率：5.345μm/像素
图像像素数：950×950×350

图 2-8　英国帝国理工大学制取的岩心三维图像[196]

同分辨率下的砂岩孔隙图像如图 2-9 所示。本书主要选用了分辨率为 3.66μm 的图像，在文中对应编号为 F1 的砂岩岩样。

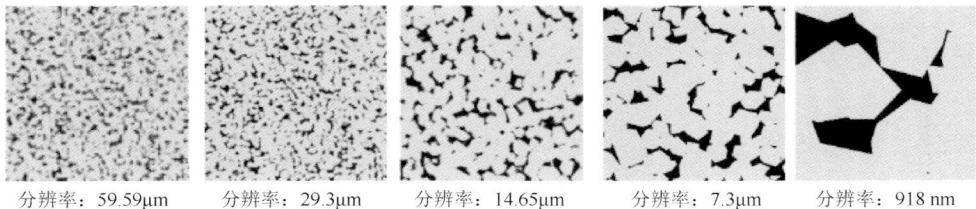

分辨率：59.59μm　　分辨率：29.3μm　　分辨率：14.65μm　　分辨率：7.3μm　　分辨率：918 nm

图 2-9　斯图加特大学 Hilfer 教授团队制取的不同分辨率砂岩图像

2.2　图像处理

微观 CT 图像是获得岩样孔隙度、孔径分布等一系列参数及构建孔隙尺度数值计算模型的基础。在进一步研究之前，需要对获取的原始图像进行一系列的前处理工作，该部分工作主要借助 ImageJ 软件实现。

2.2.1　图像提取

图 2-6～图 2-9 获取的岩样三维图像往往是圆柱形的，且基本上含有 1000^3 个像素。在开展图像降噪及二值化之前，往往从原始图像中提取 100～500 个立方像素的岩样图像作为模型重建数据（如图 2-10 所示的框线部分），这样做有以下优点：

（1）避免图像处理过程中图像的周围黑色区域出现分割错误；

（2）原始岩样为圆柱形，不利于后续孔隙网络的提取以及网格模型表面几何结构的重建，而正方体的岩样图像则不存在这样的问题。

（3）可以有效减少有限元网格数量，降低网格生成难度与计算时间。

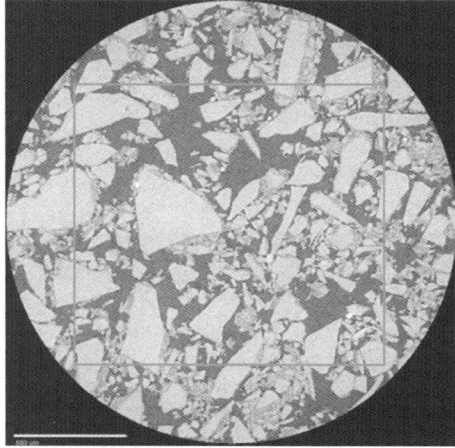

图 2-10　提取正方体岩样图像示意图

2.2.2　图像降噪及二值化

现实中的图像都是带有噪声的，而噪声的存在对后续更高层次的图像处理产生不利影响。在区域数的确定上，图像噪声的存在容易过高估计区域的数目；在图像的非监督分割中，区域数的准确确定对分割性能产生重要的影响，如果估计图像的区域数过少，在分割中不同的区域不能很好地分离；如果估计图像的区域数过多，具有一致属性的区域可能被分割成许多不同的区域，并对随后的高层次图像处理产生不利影响，因此有必要对图像进行降噪[198]。

采用中值滤波器进行图像降噪，可有效消除微观岩心图像中的孤立小孔隙及岩石颗粒。将数字图像中某一点的像素值用该像素点领域中各点值的中值代换，使灰度值相差较大的像素点与其周围的像素值接近，消除了孤立的噪声点，滤除了图像的椒盐噪声。因此本书采用中值滤波器实现图像降噪，既能去除图像中的噪声，又可以保护图像的边缘特征，降噪及图像复原效果较好[198]。

图像的二值化处理是将图像中像素点的灰度值设置为 0 或 1，通过适当的阈值选取获得可以反映图像整体和局部特征（呈现出明显黑白效果）的图像，进而依据识别到的不同像素值实现图像中不同区域的分割。对数字图像进行二值化处理，使像素点的性质只与其像素值为 0 或 1 的位置有关，不再涉及像素的多级值，简化了图像处理与识别过程，大大降低了数据的存储量。为了得到理想的二值图像，一般采用封闭、连通的边界定义不交叠的区域。所有灰度大于或等于阈值的像素被判定为特定物体，其灰度值以 1 表示，否则这些像素点被排除在物体区域以外，灰度值为 0，表示背景的物体区域[199]。图 2-11 分别展示了降噪后的图像和原始图像经二值化分割后的图像，从中可以看出，经中值滤波算法处理后，图像中孤立的小像素数目有效减少，从而降低图像中孤立的小孔隙及固体颗粒的数目对后续岩石微尺度模型重建的干扰。

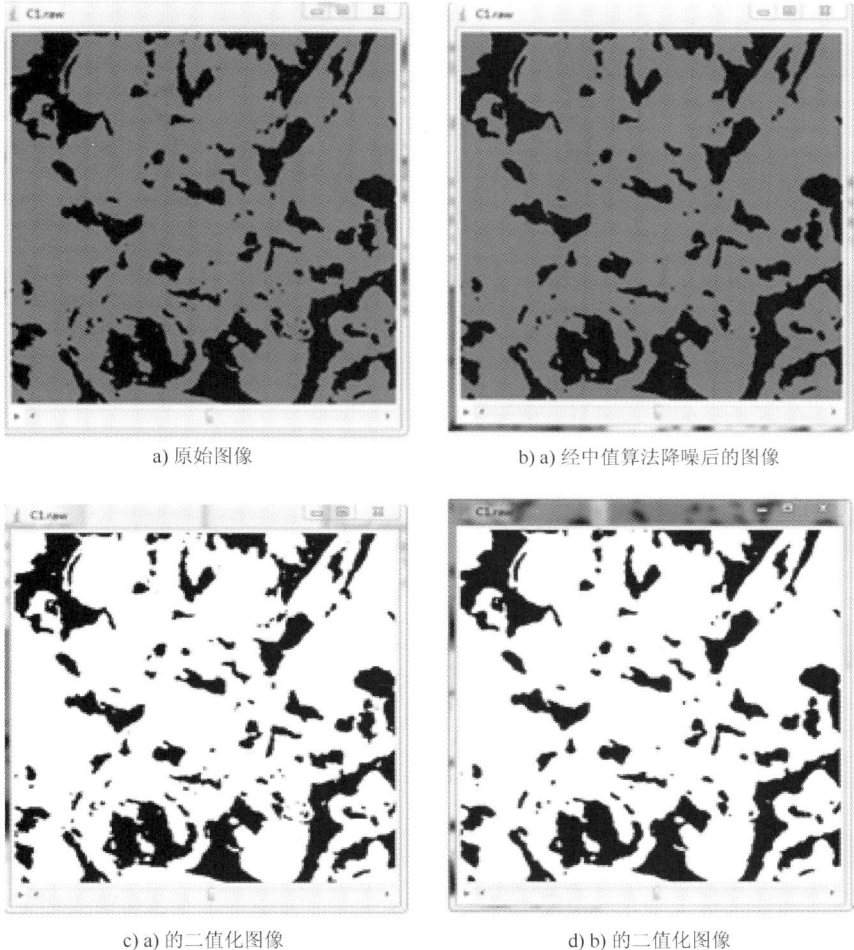

a) 原始图像　　　　　　　　　　　　　b) a) 经中值算法降噪后的图像

c) a) 的二值化图像　　　　　　　　　　d) b) 的二值化图像

图 2-11　图像降噪及二值化过程

对于已知几何外形或光滑图像而言，噪声点可以很好地通过肉眼或算法予以剔除。但对于一个未知的岩心微 CT 图像（如图 2-12 所示），某个像素是图像的噪声点还是原始岩心中该处本来就是一个孤立的孔隙或固体颗粒是难以判定的。同时，岩石由孔隙与不同的矿物组分组成，对于射线透射率介于孔隙与岩石之间的组分，比如黏土，其灰度值占据图像中的很大一部分比例，因此，二值化过程分割阈值的选取对岩心微 CT 图像模型重建具有重要的影响。如图 2-12 所示，不同的阈值算法将直接导致不同的孔隙结构和孔隙度（红色部分为分割后孔隙部分）。针对图 2-12a），计算了随分割灰度值变化得到的孔隙度变化曲线，见图 2-13。从曲线中可以看出图像分割对于模型重建工作是至关重要的。鉴于作者对图像处理理论研究有限，对降噪后图像的研究工作均基于开源软件 ImageJ 内置的 OSTU 大律法进行，如图 2-12c）所示。该算法选取前景与背景类间方差最大的灰度值作为图像分割阈值，将灰度值介于孔隙与岩石组分的图像利用 OSTU 法

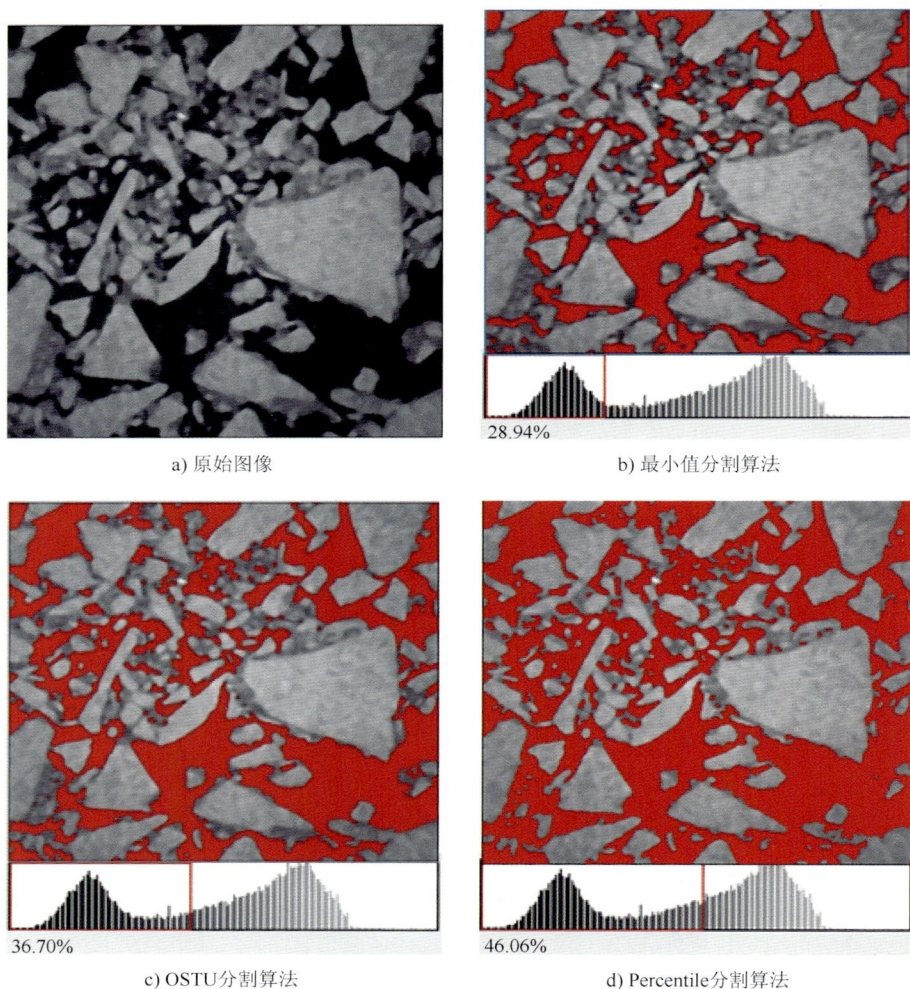

a) 原始图像 　　　　　　　　　　b) 最小值分割算法

c) OSTU分割算法 　　　　　　　　d) Percentile分割算法

图 2-12　阈值选取对图像二值化分割的影响

分配给孔隙及岩石骨架。因此，本书所采用的图像降噪与二值化的最终目的在于：在尽可能保证原始岩心微 CT 图像特征的前提下，获得较为光滑的重建模型以便于后续数值模拟研究。

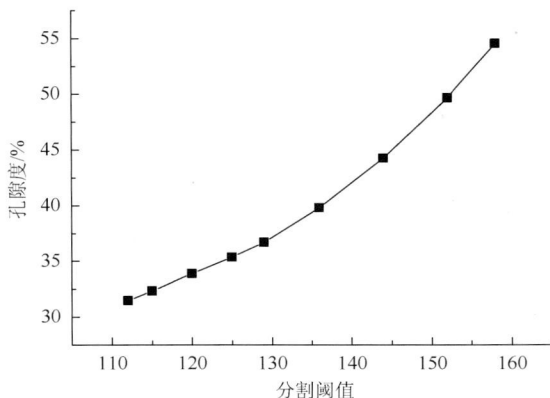

图 2-13　图像 2-12a）图像孔隙度随分割阈值的变化曲线

2.3　岩心特征参数获取

经过图像处理后的岩样如图 2-11d）所示，图中的黑色部分为岩石孔隙，白色部分为岩石骨架，从中可以直观观察到孔隙尺寸及形状的多样性。岩心样品孔隙度、孔径分布等数据可基于对二值化岩样图像的分析得到。本节研究了基于图像处理的孔隙度计算方法。此外，针对岩石的另一项重要参数——孔径分布，本书共给出两种计算方法：

（1）壁面距离法，该方法将在本节进行详细论述。

（2）基于 Silin 等提出的最大球算法，由于该算法较为复杂且涉及等效孔隙网络模型的构建，因此在第 5 章进行详细论述。

2.3.1　利用样品图像计算孔隙度

孔隙度是指岩石中的孔隙体积与岩石总体积的比值，它是描述岩石储集能力大小的一个定量参数。表达式如下：

$$\phi = \frac{V_p}{V_b} \times 100\% = \frac{V_p}{V_p + V_s} \times 100\% \tag{2-1}$$

式中，ϕ 为孔隙度；V_b 为岩石的总体积；V_p 为孔隙体积；V_s 为岩石骨架体积。

对于二维图像，可通过二值化的分割过程直接获得图形的孔隙度。对于三维图像，连续统计数百张二维图像孔隙度的计算方法较为烦琐。考虑到微观岩样图像中，孔隙体积与岩石骨架体积对应不同颜色区域的像素体积，而相同分辨率的图像中，每个像素所代表的尺寸是相同的，因此式（2-1）可变化为

$$\phi = \frac{N_p}{N_b} \times 100\% = \frac{N_p}{N_p + N_s} \times 100\% \qquad (2-2)$$

式中，N_b 为岩样图像总像素数目；N_p 为孔隙像素数目；N_s 为岩石骨架像素数目。

　　通过采用图像中每个像素的像素值代表岩样图像，将 2.2.2 节得到的二值化图像转换为图 2-14 所示的数组矩阵。一个正方体的岩样图像对应一个三维数组矩阵，通过统计该矩阵中"0"和"1"的数目可分别获得孔隙和岩石骨架的像素数目。具体提取过程由 MATLAB 软件编程实现。通过计算，本书中所使用的岩心图像孔隙度数据如表 2-1 所示。

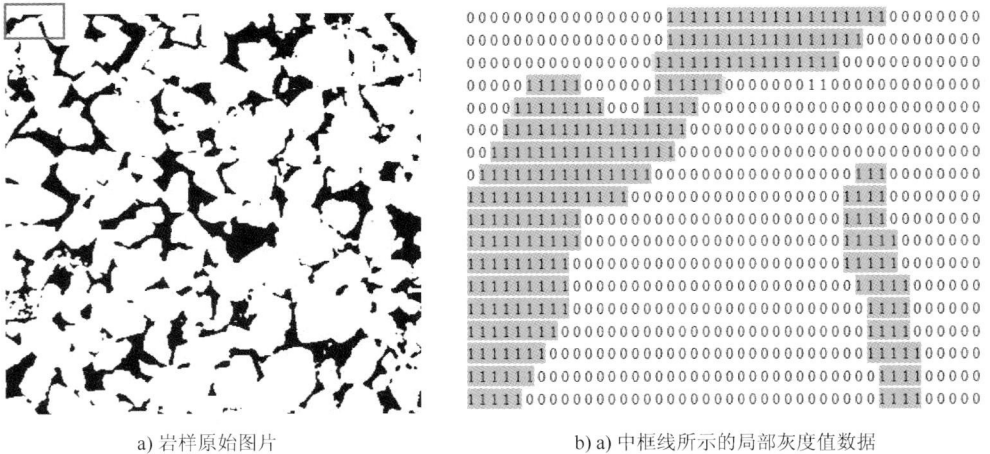

| a) 岩样原始图片 | b) a) 中框线所示的局部灰度值数据 |

图 2-14　二值化图片的数值化过程

表 2-1　不同岩心图像孔隙度数据

岩样	分辨率（μm/像素）	图像总像素数	固体骨架像素数	孔隙像素数	孔隙度
S1	4.956	300×300×300	23184825	3815175	21.03%
S2-1	5.133	300×300×300	20646754	6953146	23.83%
S2-2	5.133	300×300×300	21235414	5764586	21.35%
S2-3	5.133	300×300×300	21701979	5298021	19.62%
S3	3.8450	400×400×400	47980795	16019205	25.03%
S4	5.01	200×200×200	6376544	1623456	20.29%

续表

岩样	分辨率（μm/像素）	图像总像素数	固体骨架像素数	孔隙像素数	孔隙度
S5	2.51	400×400×400	46249587	7750413	12.11%
S6	5.01	200×200×200	4772656	3227344	40.34%
MS1	2.51	300×300×300	17587781	9412219	34.86%
MS2	10.002	250×250×250	10510126	5114874	32.73%
C1	3.314	400×400×400	53041408	10958592	17.12%
SS	4.747	300×300×300	15425900	11574100	42.87%
B1	5.345	400×400×400	51426880	12573120	19.65%
F1	3.662	400×400×400	55225574	8774426	13.71%

2.3.2　孔径分布计算

多孔材料的孔径是指多孔体中孔隙的等效直径，一般指在孔隙内的某点，放置一个假想的球体，则该球体的最大直径即为该处孔隙的直径[200]。孔径分布是指一定孔径的孔隙体积占总孔隙体积之比。孔径大小和孔径分布是多孔岩石的重要的结构特征参数，其分布情况直接影响了岩石的各项材料性能，该参数的精确描述与定量表征是进行多场耦合渗流数值模拟的前提。一般而言，孔径分布的测量按照测试方式的不同可分为两类：最为常用的是通过对一些与孔径相关的物理量的测试间接获取孔径的分布数据，如泡点法[201]、气体渗透法[202]、压汞法[203]、气体透过法[204]、液-液法[205]、气体吸附法[206]、悬浮液过滤法[207]等；另一种首先利用核磁共振成像法[208]、X 射线断层扫描法[209]、电子显微镜图像分析法[210]等微观成像技术获取多孔介质的微观图像，随后采用断面观测法人为测量一定数量的孔径值，这种方法对于包含数千张图像的岩石三维 CT 图像而言，工作量过大。张杰等[211]利用图像处理技术，借助一个不断增大的图像结构元素及图像开启操作（即先腐蚀后膨胀），搜索二值化后的图像中的孔隙孔径分布数据，避免了人为测量过程，但搜索过程重复统计了较小的孔径。Silin 等通过最大球法实现了三维岩石图像的孔径分布计算（其主要思想本书第 1 章中已论述），但该方法构建的最大球在空间上存在相互覆盖的情形。

本书提出了一种基于孔隙中轴线及孔隙图像欧几里得距离求解算法的孔隙半径求解算法—壁面距离法。该方法的主要流程为：

（1）将原始岩石 CT 图像转换为 2-15a）所示的二值化图像；

（2）孔隙图像与壁面距离计算：基于 MATLAB 图像工具箱，采用一个固定的结构元素进行迭代运算，每次迭代收缩一个像素，直至图像中无孔隙为止。根据迭代次数计算孔隙中图像像素与距其最近的骨架像素的欧几里得距离并以灰度值的形式赋予该像素，转化得到的图像像素灰度值即为其与固体壁面间的最短距离。图 2-15a）中孔隙像素的壁面距离灰度图如图 2-15b）所示，将该图转换为数值图像，数据文件中每个像素的灰度值即为该像素距离最近岩石骨架的距离，其中图 2-15b）左上角小孔隙的数据如图 2-15c）所示。

（3）利用图像骨架化原理提取孔隙图像的中轴线，通过匹配中轴线位置上所对应的步骤（2）得到的灰度值，从而得到孔隙图像中轴线与固体壁面的最短距离。因此中轴线上灰度值为 k 的像素点与岩石骨架的最短距离为

$$R_\mathrm{s} = (k - 0.5)l \tag{2-3}$$

其中，l 为图像单位像素的长度。对于三维图像而言，其在空间上等同于 N 张二维图像在断层扫描方向上的堆叠（N 为原始图像所选取的层数），因而完成 N 层二维图像的孔径分布统计即可获得三维图像的孔径分布。

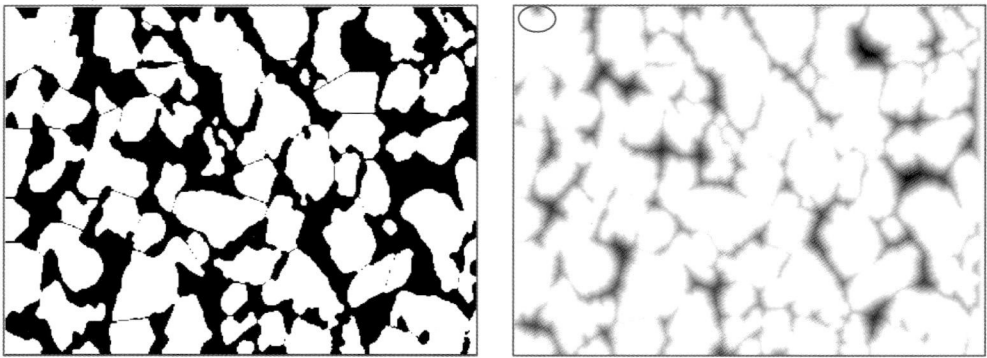

a) 岩样二值化后图像

b) 经壁面距离法计算后a) 的灰度图

c) b) 中椭圆标注区域的数值化图像，其中0为白色区域，其他数字代表孔隙像素与固体骨架的最短距离（单位为像素）

图 2-15　孔隙图像壁面距离算法过程

基于以上过程得到孔径数据分布，通过数据统计得到孔径分布曲线，图 2-16 所示为采用该算法得到的岩样 S1 图像的孔径分布曲线。

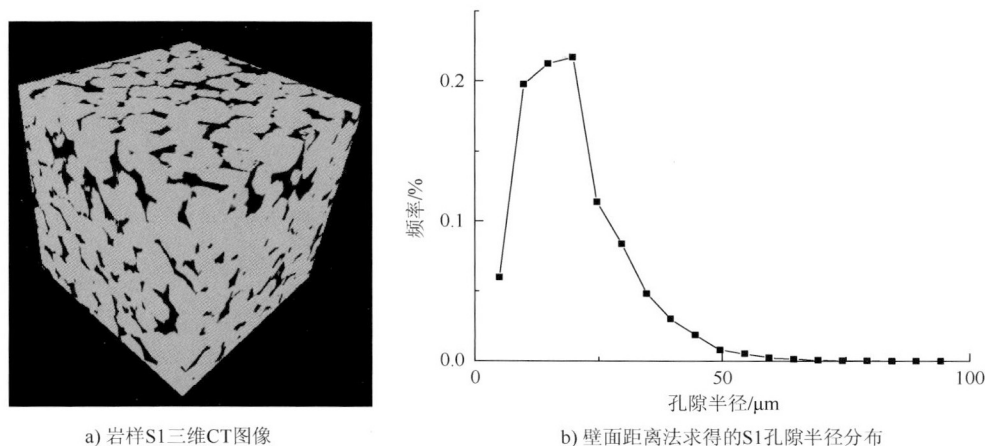

a) 岩样S1三维CT图像　　　　　　　　b) 壁面距离法求得的S1孔隙半径分布

图 2-16　S1 三维图像及孔隙半径曲线

2.4　本　章　小　结

本章概述了不同岩心微观成像技术的原理及成像特点，由于 CT 成像技术具有无损且分辨率高的优点，采用 CT 技术作为获取岩石内部孔隙或岩石颗粒尺寸及分布情况的主要成像手段。利用西南石油大学油气藏地质及开发工程国家重点实验室的蔡司 xradia MicroXCT-400 成像设备开展了岩心 CT 成像实验，制取了 8 种不同分辨率的岩心微观图像，选择性地引用了帝国理工大学的 3 种岩心微观图像、德国斯图加特大学的一种砂岩微观图像以及一张高分辨率的岩石 SEM 二维图像作为本书研究的基础。采用图像降噪算法和二值化算法进行图像处理，分析了不同图像分割方法对模型孔隙度的影响。在此基础上，采用 MATLAB 软件实现了从三维岩心微观图像中获取岩样孔隙度及孔径分布的统计计算。

第3章 基于 N-S 方程的多孔介质流体输运数学模型

由于多孔介质孔隙与骨架结构的复杂性，流体在多孔介质中的流动往往呈现出非常复杂的状态，使得人们对多孔介质内流体输运过程的认识远滞后于其他科学，甚至出现了理论研究远远落后于实验研究的现象[212]。流体的微尺度流动由大量无序运动的流体分子组成，分子通过热运动发生碰撞实现能量交换，呈现出离散、非均匀和随机性的特点，而流体的流动过程在宏观尺度上又呈现出连续的特征。基于不同的表征思想，目前流体的输运方程大致可以分为以下三类：

（1）基于分子动力学（molecular dynamic）的微观尺度方法：Alder 和 Wainwright 于 1957 年提出了利用非平衡统计物理思想统计模型中所有分子的运动规律来表征流体的整体输运性能的方法，即分子动力学的方法[213]。单个粒子的运动遵循牛顿运动定律，粒子间运动由作用势决定，同时遵循物理守恒定律。由于能够精确地描述孔道中流体粒子的分布情况进而得到孔道中流体的吸附、扩散等系列性质，近年来该方法被广泛应用于化工[214, 215]、生物[216]、材料[217, 218]、制药[219]、微电子[220]等领域中的扩散、蠕变行为、吸附解吸、沉积、固结、微流体和微传热等方面。已有部分国内外学者采用分子动力学方法研究了通过微圆管和平板模型的流体渗流机理或解吸现象[221-223]，取得了较好的研究成果，但模型与真实多孔介质的无序孔隙结构差距较大，所采用的数学模型较为简单。

（2）基于格子气流体力学的介观尺度数值计算方法：该方法最早为 Lugwig Boltzmann 于 1872 年提出[224]，其基本思想将流体看作由一系列流体微团组成，这些流体微团忽略了内部流体粒子间的碰撞细节，表现出的是微观热运动的统计平均值。流体粒子微团在规则的离散格子上碰撞、迁移，格子的尺度大于分子动力学的分子自由程，又小于有限元或有限体积法等的网格尺寸；流体粒子微团的质量亦呈现相同规律，因此被称为介观尺度。现阶段，介观尺度的数值模拟研究方法中应用最为广泛的为格子波兹曼法（lattice Boltzmann method，LBM），LBM 模型因弛豫时间的不同而具有不同的表现形式，其中最常用的两类模型是单弛豫时间模型（BGK）[225-228]和多弛豫时间模型（MRT）[229-231]。

（3）基于计算流体力学（computational fluid dynamics，CFD）求解各种流体输运偏微分方程的宏观尺度方法[232, 233]：该方法基于连续介质假设，满足守恒定律，采用 Euler 方程、Navier-Stokes 方程组等作为控制方程。在数值计算中，通过各种离散方法，将非线性的偏微分方程组离散成各种代数方程组，继而进行计算求解。常见模拟方法有：有限差分法（finite difference method，FDM）[234, 235]、有限容积法（finite volume method，FVM）[194]、有限元法（finite element method，FEM）[236]、有限分析法（finite analytic method，FAM）[237, 238]、边界元法（boundary element method，BEM）[239]等。

　　宏观、介观和微观三种不同尺度的流体控制方程是流体同一物理现象的不同刻画形式，三类流体数学模型通过一定的变换是等价的.利用数学物理的统计方法，可以将分子动力学微观流体分子的运动进行统计平均，进而得出介观尺度的流体控制方程；基于 Chapman-Enskog 展开以及 Taylor 级数展开，可以将微观和介观的 Boltzmann 方程回归到宏观的 Euler 方程或 Navier-Stokes 方程组。

　　现今世界上应用最为广泛的商用数值模拟软件，诸如 Fluent、Comsol、ANSYS、Abaqus、CFX 等，均是基于 Navier-Stokes 方程组的求解。Ye 等[98]、Gunde 等[99]也曾采用 N-S 方程开展了微尺度孔隙流体的数值模拟研究。鉴于此，本书同样采用 N-S 方程组作为基本控制方程，描述孔隙流体的渗流过程。同时，考虑到微模型中流体渗流过程中的尺度效应，本书基于微流边界层理论完善了 N-S 方程组，并结合毛细管实验结果验证了修正后数学模型的有效性。

3.1　基于微流边界层理论的孔隙多相流体渗流数学模型

3.1.1　基本方程组

　　Fluent 软件中对多相流体的处理采用欧拉-欧拉（Euler-Euler）法，即将各相看作不混相的连续统一体，分别占据流场中的不同位置，各相均遵循守恒方程，且体积分率之和为 1。Fluent 软件内置有流体体积模型（volume of fluid，VOF）、混合物模型、欧拉模型。VOF 模型适用于相界面分割清晰的多相流动，通过求解每个控制体积中各相的体积分数来确定相界面。每个控制体中各相物性参数求体积平均数，然后求解共同的动量方程。因此，VOF 模型被常用于油水驱替过程的模拟。考虑到水驱油过程中油水两相不相溶的特点，本书选用 VOF 模型进行数值模拟研究。

　　在 VOF 模型中，相间的界面可以通过求解各相体积分数的连续性方程来实现[240]：

$$\frac{1}{\rho_i}\left[\frac{\partial}{\partial t}(\alpha_i \rho_i) + \nabla \cdot (\alpha_i \rho_i \bar{v}_i)\right] = 0 \tag{3-1}$$

式中，α_i 和 ρ_i 分别为单元中第 i 相流体的体积分数与密度，$\bar{v}_i$ 为第 i 相流体的速度。

　　控制体内各相体积分数之和为 1，即

$$\sum_{i=1}^{n} \alpha_i = 1 \tag{3-2}$$

在整个流体域内受单一动量方程控制，数值求解得到的速度场被各相共用，各相通过控制体内的体积分数相联系，表现形式为控制体内的各相物性参数（密度和黏度）取体积平均值[240]：

$$\frac{\partial}{\partial t}(\rho\vec{v}) + \nabla \cdot (\rho\vec{v}\vec{v}) = -\nabla p + \nabla \cdot [\mu(\nabla\vec{v} + \nabla\vec{v}^{\mathrm{T}})] + \rho\vec{g} + \vec{F} \tag{3-3}$$

其中，g 为重力加速度，p 为压力梯度；ρ 和 μ 分别为流体密度与黏度，由计算域内的各相物性参数的体积分数加权平均求得

$$\rho = \sum_{i=1}^{n} \alpha_i \rho_i \tag{3-4}$$

$$\mu = \sum_{i=1}^{n} \alpha_i \mu_i \tag{3-5}$$

其中，水的黏度随温度的变化为

$$\mu_{\mathrm{w}} = \frac{\mu'_{\mathrm{w}}}{1 + 0.0337(T - 273) + 0.00022(T - 273)^2} \tag{3-6}$$

原油黏度与温度的关系式随原油组分的不同而变化，但大多遵循以下形式：

$$\lg \mu_{\mathrm{o}} = A + BT \tag{3-7}$$

其中，常数 A 和 B 可以通过油品的黏温曲线拟合得出。

各相共用能量方程如式（3-8）所示[240]：

$$\frac{\partial}{\partial t}(\rho E) + \nabla \cdot [\vec{v}(\rho E + p)] = \nabla \cdot (k_{\mathrm{eff}} \nabla T) + S_{\mathrm{h}} \tag{3-8}$$

$$k_{\mathrm{eff}} = \sum_{i=1}^{n} k_{i,\mathrm{eff}} \tag{3-9}$$

其中，$k_{i,\mathrm{eff}}$ 为相 i 的有效导热系数；S_{h} 为包括热辐射以及其他体积热源的贡献。E 和 T 分别为各相能量和温度的质量平均加权：

$$E = \frac{\sum_{i=1}^{n} \alpha_i \rho_i E_i}{\sum_{i=1}^{n} \alpha_i \rho_i} \tag{3-10}$$

$$T = \frac{\sum_{i=1}^{n} \alpha_i \rho_i T_i}{\sum_{i=1}^{n} \alpha_i \rho_i} \tag{3-11}$$

其中，T_i 为第 i 相流体温度，E_i 为按单相比热和共用的温度计算的每一相的能量。

3.1.2　多相流体表面张力及润湿性表征

相关研究表明，当流体的特征尺度减小到岩石中孔隙的微纳米尺度时，支配流体流动的力的作用地位发生变化，表面力的作用超过了体力[241]；随着流动尺度的减小，孔隙比表面积增大，液体与固体间的交界面将影响多相流体交界面的形状和流动规律，不同流体相之间的表面张力甚至可以成为微流体流动的一种驱动机制[242]。因此，本书在两相数值计算中，引入了表面张力及接触角模型。

不同相流体相遇时，两相交界面分子受到的沿垂直于其单位长度分界线向内收缩的力即为表面张力。Fluent 中的表面张力模型是由 Brackbill 等[243]提出的连续表面力模型（continuum surface tension force，CSF），对跨过相界面的压降可由式（3-12）计算：

$$p_2 - p_1 = \sigma \left(\frac{1}{R_1} + \frac{1}{R_2} \right) \tag{3-12}$$

其中，p_1 和 p_2 分别为两种流体界面两侧的压力；σ 为表面张力系数；R_1 和 R_2 为通过两个流体界面正交方向的表面曲率半径。

在 Fluent 计算中，CSF 模型公式以动量方程源项的形式出现。通过垂直于相界面的局部梯度计算表面曲率，再利用散度定理，表面张力可转化为以下形式[243]：

$$F_{\text{vol}} = \sum_{\text{pairs}ij, i < j} \sigma_{ij} \frac{\alpha_i \rho_i \kappa_j \nabla \cdot \alpha_j + \alpha_j \rho_j \kappa_i \nabla \cdot \alpha_i}{\frac{1}{2}(\rho_i + \rho_j)} \tag{3-13}$$

其中，σ_{ij} 为两相流体间的表面张力系数；κ 为表面曲率，可由式（3-14）计算得到：

$$\kappa = \nabla \cdot \hat{n} \tag{3-14}$$

其中，$\hat{n}$ 为壁面单元的表面法向，该参数受到液体在固体壁面接触角 θ_w 的影响。Fluent 软件中采用 Brackbill 等提出的接触角模型[243]：

$$\hat{n} = \hat{n}_w \cos \theta_w + \hat{t}_w \sin \theta_w \tag{3-15}$$

其中，$\hat{n}_w$ 和 $\hat{t}_w$ 分别是壁面的单位法向量和切向量。

由于天然岩石矿物组分的影响，即便在强亲水/油系统中，模型的润湿角也不可能始终为单一值；对于中间润湿性或混合润湿性，单一的润湿角系统显然无法胜任。因此，本书将给定模型一个平均分布的润湿角区间，壁面处每个网格的润湿角取该区间内的随机值。在 Fluent 软件中通过 UDF 中的 DEFINE_PROFILE 宏实现接触角的定义，润湿角在数值计算过程中主要作用于模型的 WALL 边界上，因此在实际运用过程中首先调用 WALL 边界上的单元数 n_w 及其 z 坐标值，然后在指定的润湿角区间内生成 n_w 个平均分布的随机数并赋给上述单元。例如，在模拟强亲水毛细管模型时，首先通过 Fluent 中的 Domain 函数提取 WALL 边界包含的单元数，然后赋予上述每个单元在区间[0°，30°]中遵循平均分布的随机数，以模拟模型的非均一润湿性系统。而模型润湿性的非均质程度取决于 n_w 的大小。当 n_w 足够大时，模型的整体润湿性由给定润湿角区间的期望值决定。

当 $i = 1$ 时，流体输运控制方程即变为单相流体渗流数学模型。借助于数值计算软件，单相渗流模拟结束后可以获取压力梯度为 Δp 时的流场出口流量 Q_i，通过达西定律可以求得模型的渗透率为

$$K = \frac{\mu_i Q_i L}{A \Delta p} \tag{3-16}$$

其中，A 为模型出口截面积，L 为模型长度。

在多相渗流过程中，流体 i 的相对渗透率饱和度为

$$K_{ri} = \frac{Q_{si}}{Q_i} \tag{3-17}$$

$$s_i = \alpha_i \tag{3-18}$$

其中，Q_{si} 为多相流体渗流时第 i 相流体在相同压力梯度 Δp 下的流量；s_i 为第 i 相流体的饱和度。

3.1.3　微观水驱油过程模拟

为了使微观水驱油过程符合室内物理实验测试过程，参照中国国家标准《GB/T 28912—2012 岩石中两相流体相对渗透率测定方法》[244]，本书主要采用非稳态法计算油水相对渗透率曲线，主要分为两步进行：

（1）油驱水过程：首先假设模型中充满水，采用油驱水至束缚水饱和度以模拟油藏初始形成过程，该过程中一般认为油藏为水湿的。

（2）水驱油过程：采用水驱油至残余油饱和度，该过程中认为模型润湿性会转变为混合润湿性或油湿性，但亦有可能为强亲水性，具体视模拟条件而定。水驱油过程采用恒压法，模型两端初始压差 ΔP_0 依据公式（3-19）进行确定：

$$\Delta P_0 \geqslant \frac{10^{-3} \sigma}{0.6 \sqrt{K_a \big/ \phi}} \tag{3-19}$$

其中，K_a 为岩样的空气渗透率，ϕ 为模型的孔隙度。

结合微观水驱油物理实验[245-247]，水驱油过程最高注水 4 倍孔隙体积（pore volume，PV）时，认为水驱油结束，剩余油相为残余油，本书也采用同样的注液数。在数值模拟过程中，注液数由式（3-20）确定：

$$V_{\text{injection}} = \bar{V}_{\text{inlet}} t_i n_{ts} \tag{3-20}$$

其中，$\bar{V}_{\text{inlet}}$ 为进口液体平均体积流速，t_i 为计算时间步长，n_{ts} 为计算时间步数。

3.1.4　岩石骨架变形数学模型

本书主要采用岩石等向理想塑性强化模型，弹性阶段岩石骨架变形场的数学模型主要包括：

（1）平衡微分方程：

$$\sum_j \frac{\partial \sigma_{ij}}{\partial x_j} + f_i = 0 \qquad (3\text{-}21)$$

其中，σ_{ij} 为应力张量，x_j 为方向向量，f_i 为体力。

（2）几何方程：

$$\begin{cases} \varepsilon_x = \dfrac{\partial u}{\partial x}, \varepsilon_y = \dfrac{\partial v}{\partial y}, \varepsilon_z = \dfrac{\partial \omega}{\partial z}, \\[2mm] \gamma_{xy} = \dfrac{\partial v}{\partial x} + \dfrac{\partial u}{\partial y}, \gamma_{yz} = \dfrac{\partial v}{\partial z} + \dfrac{\partial u}{\partial y}, \gamma_{zx} = \dfrac{\partial \omega}{\partial x} + \dfrac{\partial u}{\partial z} \end{cases} \qquad (3\text{-}22)$$

其中，ε_x、ε_y 和 ε_z 为法向应变，γ_{xy}、γ_{yz} 和 γ_{zx} 为切向应变，u、v 和 ω 为位移分量。

（3）物理方程：

$$\begin{cases} \varepsilon_x = \dfrac{1}{E}[\sigma_x - \mu(\sigma_y + \sigma_z)], \gamma_{xy} = \dfrac{2(1+\mu)}{E}\tau_{xy} \\[2mm] \varepsilon_y = \dfrac{1}{E}[\sigma_y - \mu(\sigma_x + \sigma_z)], \gamma_{yz} = \dfrac{2(1+\mu)}{E}\tau_{yz} \\[2mm] \varepsilon_z = \dfrac{1}{E}[\sigma_z - \mu(\sigma_y + \sigma_x)], \gamma_{zx} = \dfrac{2(1+\mu)}{E}\tau_{zx} \end{cases} \qquad (3\text{-}23)$$

其中，E 为弹性模量，μ 为泊松比。

（4）岩石骨架的热传导过程遵循傅里叶热传导定律：

$$q_n'' = -k\frac{\partial T}{\partial n} \qquad (3\text{-}24)$$

其中，q_n'' 为热流密度，k 为导热系数。

（5）岩石骨架与孔隙流体间的热对流遵循牛顿准则：

$$q_n'' = h(T_s - T_f) \qquad (3\text{-}25)$$

其中，h 为对流换热系数，T_s 为固体表面温度，T_f 为周围流体的温度。

3.2　岩石热-流-固耦合的实现过程

流-固耦合问题按照耦合过程的不同可分为两类：单向耦合和双向耦合。单向耦合主要适用于固体变形较小，对原始流体场的影响几乎可以忽略不计的情形。

在计算过程一般先开展流体场的数值求解，迭代收敛后将得到的流场参数（主要是流体压力和温度）传递给相应节点上的固体壁面处。若固体结构受力变形已严重影响孔隙的尺寸甚至是分布情况，进而改变了其中流体的流场分布规律，则需要流体和固体间的相互影响和作用使计算达到平衡。由于在微尺度渗流过程中，应力的变化将显著影响孔喉形状，进而作用到流场形状并最终影响流体的渗流性能，因此，本书采用双向耦合的计算方法。

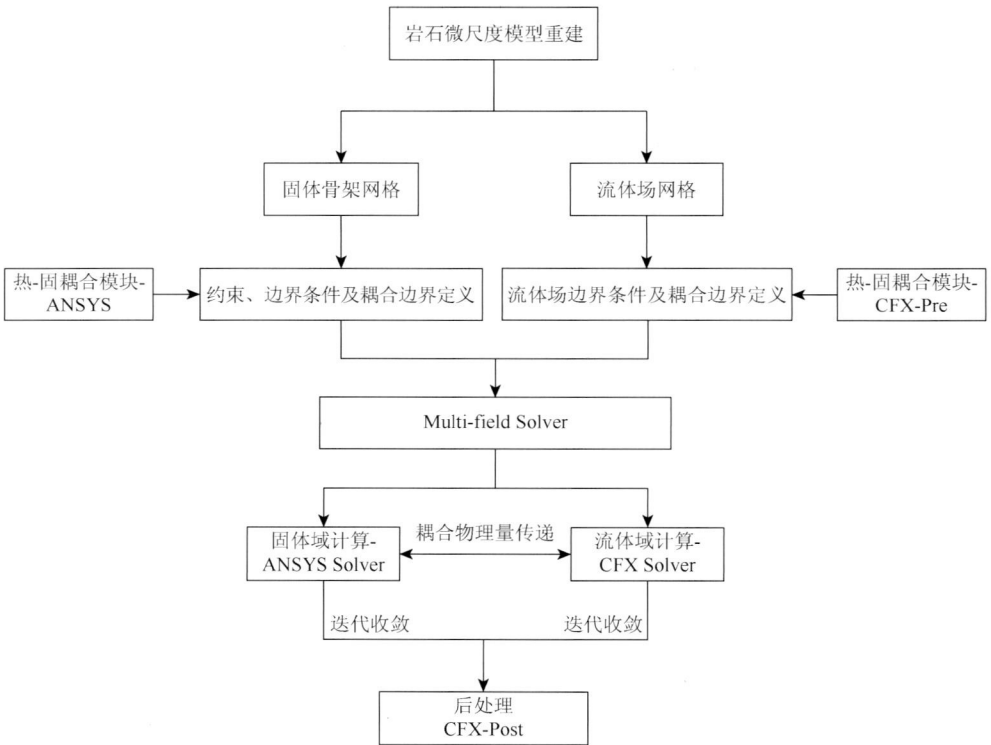

图 3-1　ANSYS-CFX 热-流-固双向耦合流程图

如图 3-1 所示，双向流-固耦合的基本思路是：分别对流体场和固体变形进行数值求解，然后利用中间耦合物理量传递平台交换数据，每完成一个步骤称为一次大迭代；在每次大迭代中，流体场和固体场分别进行一次小迭代运算，小迭代收敛后再传递耦合物理量数据，直到大迭代运算收敛计算终止。由于该耦合过程采用非耦合方程的形式进行求解，双向流-固耦合又被称为松耦合方式。在计算中，热-流-固三场的相互影响具体表现为温度引起的应变造成固体区域与流体区域网格的变形与重新划分；岩层变形影响到流体的流通通道；流体压力又可引起岩层应变的改变，在计算过程中表现为孔压的变化引起岩石骨架变形量的改变，从而引起流场区域网格的变化。较常用的有作为耦合数据交换平台而本身不具备数值计算能力的 MPCCI 软件，主要是通过监听计算机内部的通讯和操作实现数据交换与求解器控制。本书中，耦合计算采用 ANSYS 与 CFX 软件实现，CFX 是集成于 ANSYS 中的流体计算软件，是现阶段唯一不需要耦合软件辅助的双向耦合计算平台，具体的思路为，固体与流场区域分别形成两套网格与边界系统，通过定义的耦合边界传递耦合物理量，各物理场的参数是相互影响的，并通过多次的迭代计算最终达到收敛条件。

3.3　微流边界层理论及应用

大量的微毛细管流体流动实验发现，孔隙流体渗流过程中流体通道尺寸小至微纳米级，流体与固体壁面间作用强烈，岩石表面物理化学性质对流体流动有较大影响，传统的 N-S 方程已无法有效表征微流体所呈现的性质，同时传统的 Prandtl 边界层理论由于没有考虑壁面性质的影响难以圆满解释微流体的流动问题[248]。微流边界层中的流体，除了受到流体分子自身间的相互作用力外，还受到壁面固体分子的相互作用。流体的黏度在物理本质上由分子间的相互作用力所决定。

3.3.1　固体表面对液体分子间作用力

在近壁面区域，流体间的相互作用力除了流体分子间的取向作用、诱导作用、色散作用的范德华力外，还受到氢键等分子键的影响[249]。

1. 取向作用

取向作用表示分子永久偶极矩间的相互作用[249]，其具体表现为当不同的极性分子相遇时，分子间发生同性相斥、异性相吸所产生的一种分子间作用力，其大小取决于分子间距离和偶极矩的大小。当两个极性分子刚好阴阳极相对时，其作用势能达到最小值；当两个极性分子同极相对时，其作用势能达到最大值。事实上，分子时刻处于运动状态，其偶极矩取向也在时刻变化。基于波尔兹曼分布定律，分子间总是趋向于势能较小的状态，此时其平均势能为

$$\overline{V}_k = -\frac{2}{3}\frac{\chi_1^2 \chi_2^2}{R^6 kT} \tag{3-26}$$

其中，χ_1、χ_2 分别为流体和固体分子的偶极矩，R 为两个电荷间的距离，T 为流动环境的热力学温度。

2. 诱导作用

诱导作用是指极性分子被电场作用产生极化而形成的诱导偶极矩与原分子偶极矩之间的相互作用，主要包括两个部分：形成诱导偶极矩所消耗的功和诱导偶极矩与永久偶极矩电场间的相互作用能，可用下式表示：

$$V_D = -\frac{\omega_1 \chi_2^{\ 2} + \omega_2 \chi_1^{\ 2}}{R^6} \qquad (3\text{-}27)$$

其中，ω_1、ω_2 分别为分子的极化率。

3. 色散作用

对于不存在永久偶极矩的非极性分子对而言，其分子的主要作用力表现为色散作用。由于原子中的电子时刻在绕电子核运动，造成了原子内部正负电荷中心相互偏离，即原子是非极性的，从而产生了瞬间偶极矩。色散作用就是指由于瞬间偶极矩的存在导致零点能降低而形成的相互作用力，可用式（3-28）表示。

$$V_L = -\frac{3}{2}\left(\frac{\omega_1 \omega_2}{R^6}\right)\left(\frac{I_1 I_2}{I_1 + I_2}\right) \qquad (3\text{-}28)$$

其中，I_1、I_2 分别为分子的电离能。

4. 氢键

氢键是当氢原子与电负性大的原子 X 以共价键结合，若与电负性大、半径小的原子 Y（如氧、氟、氮等）接近，在 X 与 Y 之间以氢为媒介，将生成 $X\text{-}H\cdots Y$ 形式的一种特殊分子间或分子内相互作用的化学键[250]。氢键不同于范德华力，它具有饱和性和方向性。对于分子内部含有氢键的液体，例如甘油、磷酸、浓硫酸等多羟基化合物，由于分子间大量氢键的存在，流体往往呈现出黏稠状，黏性系数较高。同理，当固体表面含有—OH 基团时，会与表面的液体（如水，油等）的—OH 基团形成氢键，成为固体与液体的主要相互作用力。

此处固体分子和液体分子间氢键产生的作用力用 V_H 表示。因此，固体表面分子与液体分子间的作用力可由式（3-29）表示，

$$V = \overline{V_k} + V_D + V_L + V_H = -\frac{\Phi}{R^6} \qquad (3\text{-}29)$$

$$\Phi = \frac{2\chi_1^{\ 2}\chi_2^{\ 2}}{3kT} + \omega_1 \chi_2^{\ 2} + \omega_2 \chi_1^{\ 2} + \frac{3}{2}\omega_1\omega_2\left(\frac{I_1 I_2}{I_1 + I_2}\right) + \phi' \qquad (3\text{-}30)$$

其中，Φ 为微流边界层作用力系数，与固体表面性质、流体分子的性质相关；ϕ' 为分子间氢键势能。

3.3.2　微流边界层内流体黏性系数

在近壁面区域，固体边壁对其产生的作用力也将影响到流体的黏度。在不考虑化学反应及化学吸附的情况下，分子间的极性作用占主导地位。以水分子为例，不同固体表面水的吸附性质各异，当水流动时其边界层的流动特性、分离性也存在较大差异，从而影响了近壁面区域的水流阻力及速度分布[251-253]。

因此，微流边界层内的流体黏度主要包含两方面：一是流体自身的黏度系数；二是由于固体壁面分子对流体分子间的附加作用力而造成的附加黏度，有如下的形式：

$$\mu = \mu_0 + \frac{\Phi}{l_d^n} \qquad (3\text{-}31)$$

式中，μ_0 为流体本征黏度；Φ / l_d^n 为固体壁面对水分子的引力作用造成的黏度附加项；l_d 为流体与固体表面的距离；n 为作用指数，依据物理化学测试结果，固体壁面对液体的作用范围大致在几个纳米至数十微米之间，n 一般取 2～3。

由公式（3-31）可知，流体与固体间距离越小，微流体边界层内流体的黏性系数越大，当 l_d 趋近于 0 时，边界层内流体黏性系数趋于无穷大，即部分流体附着于固体表面并未参与流动；当 l_d 远离固体壁面时，流体黏度趋近于流体固有黏度。这样，在多孔介质内，由于近壁面区域流体黏性系数的增大，流体的流动能力下降，出口的实际流量往往小于 N-S 方程的理论值，相当于孔隙的有效流通孔径减小，渗流能力下降。

3.3.3　微毛细管单相渗流数值模拟及实验验证

1. 单根均质毛细管渗流模拟

为了验证数学模型在微尺度渗流的有效性，本节开展了基于微毛细管流体实验与数值模拟对比研究。其中直径 2μm，长 10μm 的毛细管数值计算模型如图 3-2 所示，模型在 ICEM 软件中完成网格划分，为了实现边界层的精确求解，网格成长因子设置为 1.05。

对于半径为 r 的毛细管而言，将其简化为中轴线沿 x 轴，径向沿 y 轴分布的二维截面，节点 ξ 处流体与固体表面的距离 l_d 可由下式确定：

$$l_d = r - |y_\xi| \qquad (3\text{-}32)$$

其中，y_ξ 为节点 ξ 处的横纵坐标值。此时毛细圆管中的流体控制方程变为

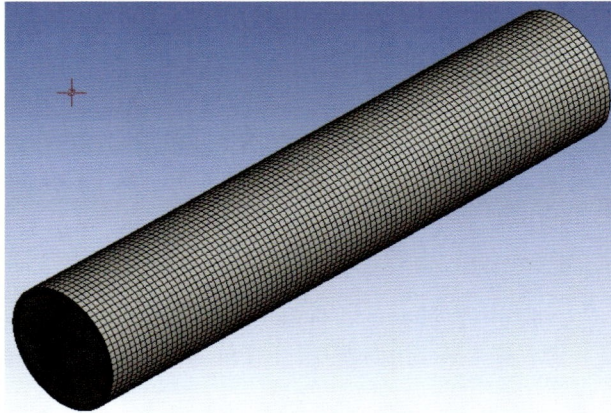

图 3-2　　直径为 2μm 的毛细管模型网格划分

$$\frac{\mathrm{d}p}{\mathrm{d}x} = \frac{1}{y}\frac{\mathrm{d}}{\mathrm{d}y}\left[\left(\mu_0 + \frac{\varPhi}{(r-y)^n}\right)y\frac{\mathrm{d}u}{\mathrm{d}y}\right] \tag{3-33}$$

其中，u 为流体流速，p 为毛细管截面流体压力。

　　基于 Fluent 软件建立了相应的数值计算模型，采用用户自定义函数 UDF 对式（3-31）进行编译，查阅相关资料[249]，毛细玻璃管与水的 $\varPhi$ 值为 1×10^{-23}～10×10^{-23}。数值模拟过程中将流体设置为左进右出，在流体流动方向施加压力梯度，其余边界为不可流动边界，收敛因子设置为 1E-5，采用软件默认的松弛因子进行计算。压力梯度为 1MPa/m 条件下，20μm 毛细玻璃管理想状态下与考虑微流边界层条件下速度场分布剖面如图 3-3 所示，从图中可以看出当考虑微流体边界层效应时，边界层厚度增加明显，有相当一部分流体流速为 0（图 3-3b 蓝色部分），即处于不流动状态，毛细管有效流通截面积明显减少。

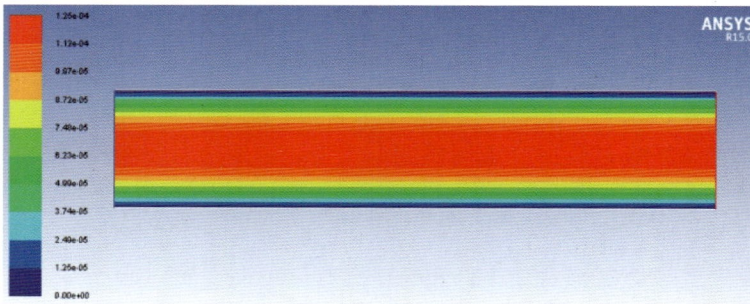

a) 理想状态下

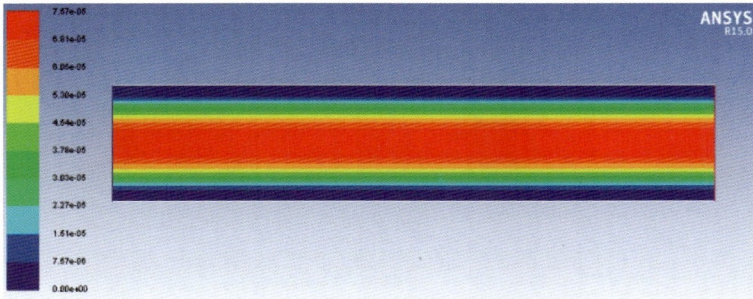

b) 考虑微流边界层条件下

图 3-3　压力梯度为 1MPa/m 时 20μm 毛细玻璃管速度场分布图

图 3-4 显示了半径为 10μm 的毛细管在 0.01MPa 压力差下，不同 Φ 值条件下截面水流速度的分布曲线（$n = 3$），由图可知，当 $\Phi = 0$ 时，未考虑微流边界层效应的毛细管截面呈现出理想的抛物线形状；考虑了微流边界层效应时，相同位置的速度值较理想条件下小，且在近壁面区域出现明显转折；随着 Φ 值的增大，即流-固相互作用力的增大，截面流速分布呈现减小趋势。

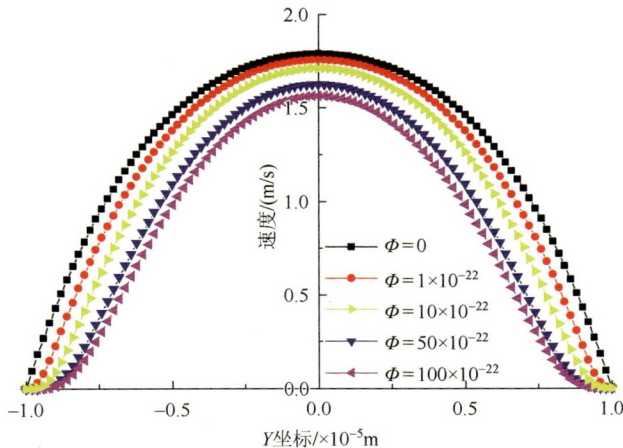

图 3-4　半径 10μm 毛细管中不同 Φ 值下截面速度分布

图 3-5 所示为半径为 10μm 的毛细管在 0.01MPa 压力差下，$\Phi = 50 \times 10^{-22}$ 时不同 n 值的截面水流速度分布曲线，由图可知，随着 n 值的增大，近壁面区域的流体流速接近于 0 的范围逐渐扩大，这表明微流边界层的作用范围逐渐增大。在本书中取 $n = 3$。

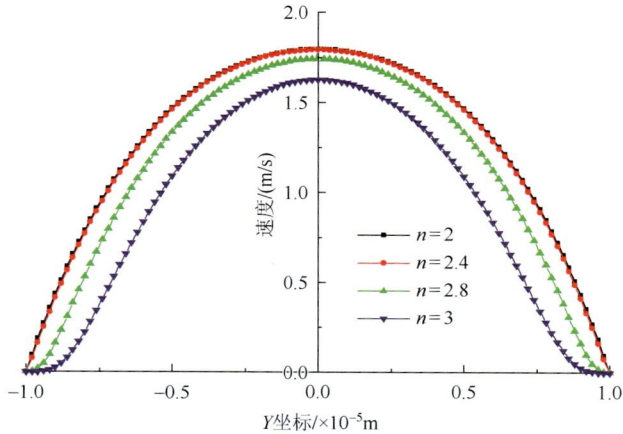

图 3-5　半径 10μm 毛细管中不同 n 值下截面速度分布

　　本书计算了当 $\Phi = 7.55 \times 10^{-23}$ 时，半径为 2μm 和 5μm 的毛细圆管中出口流量理论值和考虑微流边界层效应时的出口流量，并与室内实验测试值进行了对比，不同压力梯度下毛细管流量随压力梯度的变化曲线如图 3-6 所示。从图中可以看出，实验测得的毛细管中流速均小于理论值，且随着管径的减小，偏离趋势越大；当采用微流边界层修正后的 N-S 方程组后，数值计算得到的流体出口速度与实验值较好吻合。这不仅说明 N-S 方程组在一定程度上适用于微流体在连续孔喉中的运移过程，更说明了采用微流边界层理论修正后的 N-S 方程组可以很好地再现毛细管中流体的实验结果，该方法便于实现编译，可在数值计算推广应用。此外，数值计算结果表明，当毛细管直径大于 50μm 时，微流边界层影响较弱，毛细管出口流速与理论计算值基本吻合。

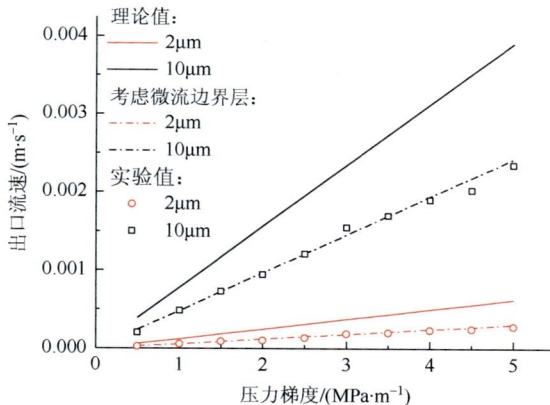

图 3-6　毛细管中水流速与压力梯度的关系曲线

传统基于实验结果拟合得到的毛细管流体经验方程往往是某特定半径的毛细管对应一个修正方程[249-252]，这无疑限定了方程的使用范围；或是给定一个压力梯度模型[253]，而当今学术界对于启动压力梯度的存在与否的观点仍存在争议。从边界层中固体与流体间的相互作用力入手，不仅可从本质上解决毛细管流速理论值与实验值间的差异；通过改变 Φ 值的大小，还可以模拟不同矿物组分对天然岩石渗流能力的影响。图 3-7 显示了 5μm 毛细管在 0.6MPa/m 的压力梯度下，出口平均流速随 Φ 值的变化规律。从曲线中可以看出，随着固体表面与流体间作用力的增大（Φ 增大），毛细管出口流量由理论值逐渐减小。

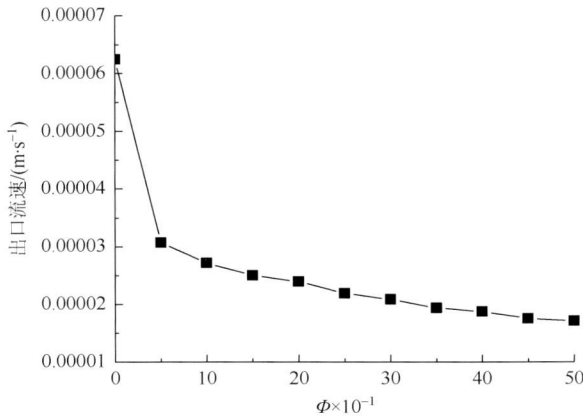

图 3-7　半径为 5μm 毛细管出口平均流速与 Φ 的关系曲线

2. 单根非均质毛细管渗流模拟

在天然岩石中，孔隙的矿物组成多种多样而并非一成不变的，在微流体边界层中不同的矿物对流体分子的作用力不同，不可流动的边界层厚度亦随 Φ 值的变化而变化。为了研究这一变化，本节选用直径为 20μm、长 100μm 的毛细管模型作为研究对象，模型进出口压力分别为 800Pa 和 0Pa，模型左侧为压力进口边界，右侧为压力出口边界，假定流动为层流，其余边界为不可流动边界，收敛因子设置为 1E-5，采用默认的松弛因子。从图 3-8a）可以看出，采用不同的 Φ 值后，毛细管中水的黏性系数分布呈现出阶梯状分布，并随着 Φ 值的增大高黏性系数区域逐渐扩大（图中流体黏性系数的最小值为水的本征黏性系数）。从图 3-8b）水的速度场云图中可以看出，随着 Φ 值的增大流体近壁面区域不流动区域的分布逐渐增大；而流体黏度的阶段性变化对流体速度场的分布也存在着一定影响：当右端出口处的有效流通管径减小以后，右端流体的最大流速明显高出左端的流体最高流速。

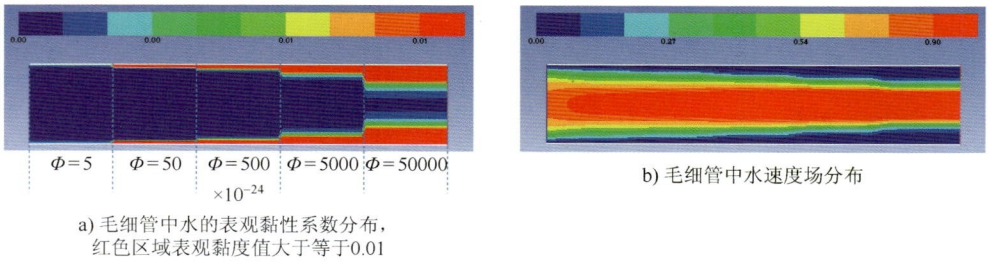

a) 毛细管中水的表观黏性系数分布,
红色区域表观黏度值大于等于0.01

b) 毛细管中水速度场分布

图 3-8 Φ 值阶梯状分布下毛细管中流体表观黏性系数及速度场分布

在天然岩石中,即便在强亲水/亲油的岩石中,其润湿角也并非是单一的;相似地,岩石的矿物组分也并非均质分布的,因此微流边界层附加作用系数 Φ 亦并非为单一恒定值。在应用微流边界层理论模型时,首先将计算域按模型的 x, y 坐标划分为 n_r 个区域($n_r = n_{rx} \times n_{ry}$),然生成给定 Φ 区间内的 n_r 个均匀分布的随机数并赋给各计算域。而模型矿物组成的非均质程度取决于 n_r 的大小及给定的区间上下限,当 n_r 足够大时,模型矿物组成的非均质性等于给定的 Φ 取值区间的期望值。为了模拟出对水分子具有的不同附加作用力的矿物组分,本节模拟中选用了跨度较大的 Φ 取值区间,为[1,15000]×10^{-23}。图 3-9 所示为当 $n_{rx} = 20$, $n_{ry} = 1$ 时,毛细管内部流体的黏性系数分布和速度场分布,从图中可以清晰地看出在不同分布条件下毛细管中水的表观黏性系数的阶梯状分布,每个阶梯代表一个不同的 Φ 值;图 3-9b)所示的速度场分布表明,随着微流边界层流体黏性系数的阶梯形变化,毛细管中水的流速亦出现相应的变化:在边界层厚度较高段毛细管中间的流速较高,在边界层厚度较小段毛细管流速相对较小。

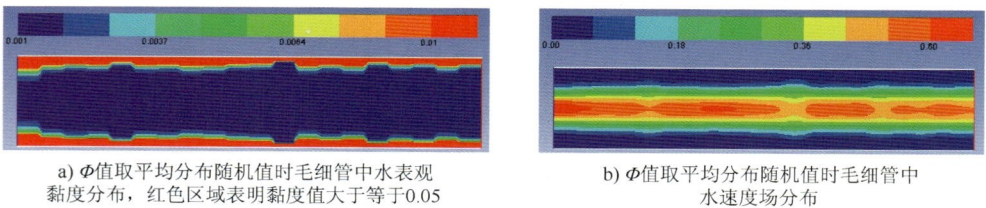

a) Φ 值取平均分布随机值时毛细管中水表观
黏度分布,红色区域表明黏度值大于等于0.05

b) Φ 值取平均分布随机值时毛细管中
水速度场分布

图 3-9 当 $n_{rx} = 20$, $n_{ry} = 1$, Φ 取区间[1,15000]×10^{-23} 的平均分布随机值时
水黏性系数及速度分布

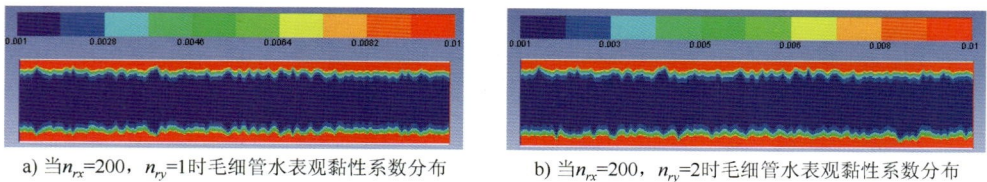

a) 当n_{rx}=200, n_{ry}=1时毛细管水表观黏性系数分布

b) 当n_{rx}=200, n_{ry}=2时毛细管水表观黏性系数分布

图 3-10 当 $n_{rx} = 200$, Φ 取区间[100,15000]×10^{-23} 的平均分布随机值时水黏性系数分布

为了使模型更贴近于真实岩石矿物组分的非均质性，本书模拟了 $n_{rx} = 200$ 时（即假设模型在 0.25μm 的长度上是均质的）毛细管微流边界层内流体黏性系数的分布，$\Phi \in [100，15000] \times 10^{-23}$。图 3-10a）所示为 $n_{rx} = 200$，$n_{ry} = 1$ 时毛细管中水黏性系数的分布云图，假定毛细管在纵向上的矿物组分是相同的而在横向上为非均质分布，可以看出随着 n_r 的增大边界层流体的黏性系数呈现上下对称的锯齿状分布；图 3-10b）模拟了 $n_{rx} = 200$，$n_{ry} = 2$ 时，毛细管上下壁面矿物组分不同分布时的流体黏性系数分布，可以清晰地观测到毛细管上下壁面呈非对称锯齿状分布的黏性系数。

此处将 Φ 在区间的期望值记为 $E(\Phi)$，Φ 取期望值时的出口流速记为 $Q_{E(\Phi)}$。对于区间 $[100，15000] \times 10^{-23}$ 而言，$E(\Phi) = 7550 \times 10^{-23}$。为了验证 $\overline{\Phi}$ 取区间平均分布随机值对毛细管出口流量的影响，本节模拟了 $n_{rx} = 200$，$n_{ry} = 2$ 条件下，共 100 组随机分布的 Φ 值在区间 $[100，15000] \times 10^{-23}$ 作用下出口流速与 $\overline{Q}$ 的偏差 [横坐标为随机值的平均数 $\overline{\Phi}$ 与 $E(\Phi)$ 的偏差]，如图 3-11 所示。从图中可以看出，$\overline{\Phi}$ 的偏差在 ± 200，出口水流量偏差占总流量的 $\pm 0.9\%$。因此，当 n_r 足够大时，模型矿物组成的非均质性等于给定的 Φ 取值区间的期望值，而流体的出口流量也趋近于 Φ 取 $E(\Phi)$ 的出口流量，同时该方法体现了天然岩石矿物组分的非均质性。

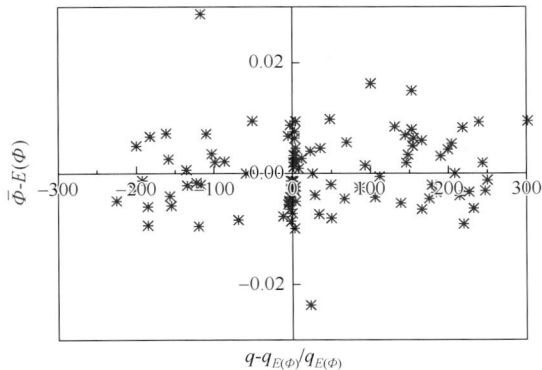

图 3-11　出口流速 Q 偏差与 $\overline{\Phi}$ 偏差的分布

3.3.4　微毛细管油水两相渗流数值模拟

现阶段油气田开发过程中，注水、注气（CO_2，N_2 等）及注化学试剂提高采收率的做法已经被大规模应用于现场实际，而该过程中油藏的束缚水及残余油的分布规律对充分认识流体在地层岩石孔隙中的驱替机理、提高油田采收率具有重要意义。经微观水驱油实验证实，岩石颗粒表面吸附的水/油膜对油水的驱替过程影响较大，在一定程度上决定了最终采收率[250]，具体表现为油藏成形初期的油驱水过程中，由于岩石长期水环境下形成的亲水性而出现的无法被油驱走的束缚水；水驱油过程固体颗粒表面的油膜被驱替水剥离或残留在固体表面形成残余油。传统的毛细管力模型侧重于两相交界面形状的描述，不能表征出油水驱替过程中固体壁面处油膜/水膜的形成机理，最终影响到束缚水及残余油饱和度的准确预测。图 3-12 展示了基于 N-S 方程和连续表面张力模型的油驱水（图 3-12a）及水驱油（图 3-12b）过程模拟，所用模型为直径为 20μm、长 100μm 的毛细管，流体进出口施加 0.08MPa 的压差。从图 3-12a）中可以看出在油驱水过程中，虽然通过给定模型 0° 的润湿角来表征强亲水性，但油驱替水的过程总能将毛细管中的水柱完全驱替，而微流边界层模型的采用可以很好地模拟出亲水模型中油驱水过程壁面水膜的形成；同样地，图 3-12b）显示了水驱油过程中，考虑微流边界层效应后的模型较好反映了由于固体壁面亲油性而形成的油膜。

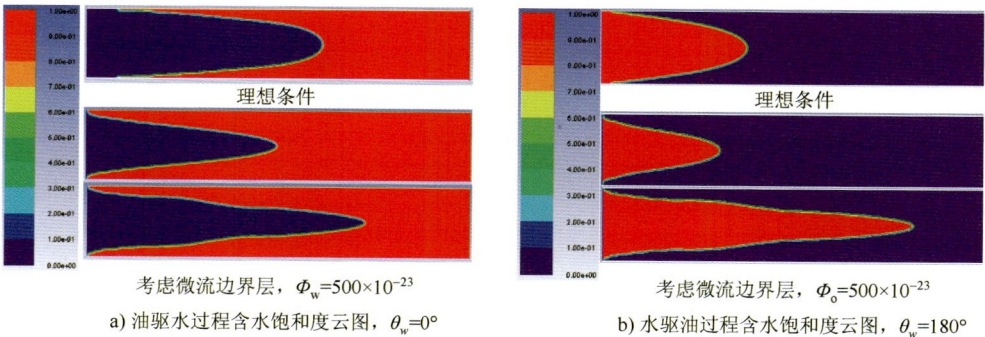

a) 油驱水过程含水饱和度云图，$\theta_w=0°$ b) 水驱油过程含水饱和度云图，$\theta_w=180°$

图 3-12　油水驱替过程水膜/油膜形成的模拟

图 3-13 所示为 $\Phi\in[1,1000]\times10^{-23}$ 时，注液量达到 2 倍孔隙体积（2PV）时在强亲水毛细管（润湿角区间[0°，30°]）中不同矿物组分分布条件下油驱水过程的束缚水形态。从图中可以看出，未考虑微流边界层时，油驱水结束后毛细管中的水被完全驱出（图 3-13a），显然与实际情况不符；考虑微流边界层时，给定模型单一的 Φ（图 3-13b）使毛细管壁面处在油驱水后形成一层水膜，当油突破水到达出口时，油优先沿中间的通道流出，从而在毛细管壁面处呈现出连续性变化的水膜，流体进口段水膜较薄，出口处较厚；当采用阶梯状分布的 Φ 后（图 3-13c），油驱水结束时水膜呈现出阶梯状的变化；当毛细管上下表面均采用区间（0，50000]×10^{-23} 的均匀分布随机值，即模拟模型上下表面矿物组分均呈现出不对称的非均质性时，油驱水结束时壁面束缚水形态见图 3-13d），可

以看出在毛细管力与微流边界层的共同作用下束缚水的形态呈现出多样化、锯齿状分布。

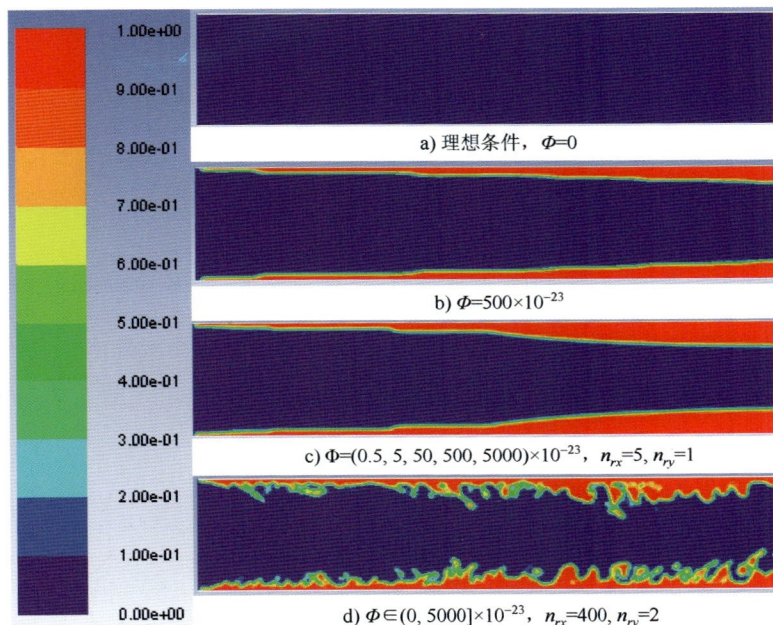

图 3-13　不同系数 Φ 分布下油驱水过程束缚水的形成（水膜）

　　为了研究随机分布的系数 Φ 对毛细管束缚水饱和度的影响，本节模拟了强亲水模型中，当 $n_{rx} = 200$，$n_{ry} = 2$ 时在区间[100，15000]$\times 10^{-23}$ 时共 20 组随机分布的 Φ 值条件下束缚水的饱和度分布（横坐标为随机值的平均数 $\overline{\Phi}$ 与 E（Φ）的偏差），如图 3-14 所示。从图 3-14 中可以看出，当 Φ 采用随机值时束缚水的饱和度普遍高于 Φ 取固定值（$\Phi = 7550$）时的结果，偏差为 2%～4%。同时对于强亲油模型中的残余油饱和度呈现出同样的规律，本书作者认为这主要是由随机分布的润湿角和微流边界层作用系数 Φ 共同作用的结果，更进一步的机理需要实验结果的佐证。

　　在本书后续应用中，Φ 的取值区间取为[100，15000]$\times 10^{-23}$，该取值区间涵盖了对岩石的主要组分石英和岩石中对液体吸附作用较强的黏土矿物。应用非均质性系数 n_r 来控制润湿角及微流边界层系数 Φ 的分布，如 $n_r = 5^3 = 125$ 意味着将模型按坐标在三维空间上分别沿 x，y，z 轴等分为 5 份，模型共划分为 125 个区域，各区域的润湿角及系数 Φ 取给定区间的随机值；同时考虑到在两相渗流过程中岩石壁面对润湿相的吸附性往往强于非润湿性，水相采用较小的润湿角对应较

高的系数 Φ，油相采用较大的润湿角对应较高的系数 Φ。对于强润湿性模型，给定强润湿相 Φ 的取值区间为[10000，15000]×10^{-23}，非润湿相为[100，1000]×10^{-23}；对于弱润湿性模型，润湿相为[5000，10000]×10^{-23}，非润湿相为[1000，5000]×10^{-23}；对于中间润湿性模型，油水两相均取为[100，15000]×10^{-23}。

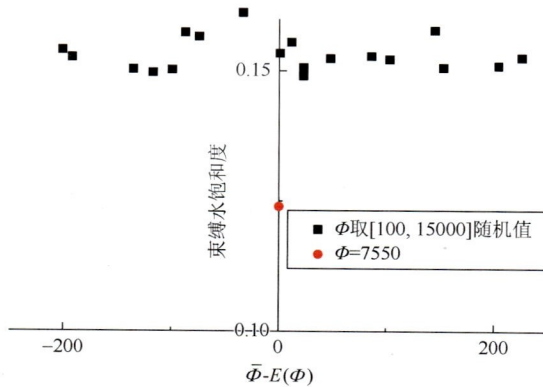

图 3-14　束缚水饱和度与 $\bar{\Phi}$ 偏差的分布

3.4　本章小结

本章采用 N-S 方程组作为基本控制方程描述了孔隙流体的渗流过程，考虑了微模型中流体渗流过程中的尺度效应，基于微流边界层理论完善了 N-S 方程组，提出了岩石微尺度热-流-固耦合条件下的数学模型。

（1）基于 N-S 方程组以及连续表面张力模型，建立了孔隙多相流体的基本控制方程，提出了非单一润湿系统的实现过程。建立了岩石骨架变形控制方程，研究了微尺度热-流-固耦合过程的作用机理及利用 ANSYS-CFX 软件的耦合计算流程。

（2）基于微流边界层理论，分析了微流道中流体分子和固体分子间的相互作用力，给出了孔隙流体的黏性系数表达式。研究表明，毛细管流体实验出口流量低于 Navior-Stokes 方程计算得到的理论值；采用修正后的数学模型，模拟结果与实验结果较好吻合，验证了修正后数学模型的准确性。数值计算结果表明在岩石矿物基本组成条件下，当毛细管直径大于 50μm 时，微流边界层影响较弱，毛细管出口流速与理论计算值基本吻合。

（3）通过赋予边界层作用系数 Φ 在指定区间内均匀分布的随机值，实现了模型矿物组成非均质性的模拟；研究表明随机分布的边界层作用系数对毛细管单相渗流影响较小，出口流量趋近于取单一边界层作用系数 Φ（该分布区间的期望值）时的数值，但在油水驱替过程中，束缚水或残余油饱和度略高。

第4章 二维微观水/CO_2驱油实验及数值模拟研究

　　微观水/CO_2驱油研究的主要目的是为了从微观上揭示储层中油、水/CO_2两相的渗流规律，为提高采收率提供理论依据和技术指导。在水驱油微观物理实验方面，目前应用最为广泛的是中国科学院渗流研究所于 20 世纪 60 年代以来提出的二维玻璃光刻模型及二维岩石薄片模型[254]。利用这一项技术，国内外学者在非牛顿流体渗流、多相渗流、物理化学渗流和非等温渗流等方面开展了大量的室内实验研究，得出了一些新的渗流机理和规律，系统地完善了一些曾经不能具体和精确描述的微观渗流规律。例如，发现了油水驱替过程中的"小孔包围大孔"现象，该现象是造成宏观尺度油田开发过程中均质储层出现较大面积残余油的主要诱因；发现了聚合物不但能提高波及系数，也能提高洗油系数，这一发现对工业上大规模推广以注聚合物提高石油采收率的技术提供了一个重要的新的科学依据；此外，实验表明，润湿性、孔隙结构、初始饱和度、流体性质都会对残余油分布、最终的水驱油效果造成影响[255]。

　　但微观物理模拟实验有其自身的缺点，例如成本高、耗时多、可考虑的因素少等。鉴于此，本章首先开展了微观水驱油玻璃光刻模型的物理实验，获取了剩余油的分布及油水相对渗透率曲线；利用基于图像轮廓提取的几何建模方法，结合 Fluent 软件模拟了单相及水/CO_2驱油过程，通过对比微观水驱油实验结果验证了该建模方法与数值计算的合理性，预测了微观驱油过程中相对渗透率曲线的变化规律。

4.1　微观水驱油模型实验

　　微观水驱油物理模型实验主要采用光刻玻璃模型，该模型利用复刻技术，将孔隙图像刻于玻璃片上，可以很好地再现原始孔喉特征。由于玻璃透光度好，还可以清晰地实现各流体分布及流体间界面现象的实时观测。模型润湿性取决于玻璃材料，其主要制作方法见文献[254]。本书所采用的模型如图 4-1 所示，模型尺寸为 3.5cm×2.5cm，孔隙度为 $\Phi = 35.83\%$。以图 4-1 为例，实验过程中左下角为流体进口，右上角为流体出口，模型初始条件下为饱和油状态。水驱完成后剩余油的分布如图 4-2 所示，从中可以看出，水驱油过程残余油的形成可以分为三类：①绕流形成的残余油，主要是由于注入水沿阻力最小的通道前进，绕过了与狭窄喉道相连的孔隙；②边缘及角落残余油，主要是由于水驱替前沿的指进现象造成某些孔道中的水率先突破，驱油不彻底，形成残余油；③卡断，主要是指以不连续油滴的形式分布的残余油。

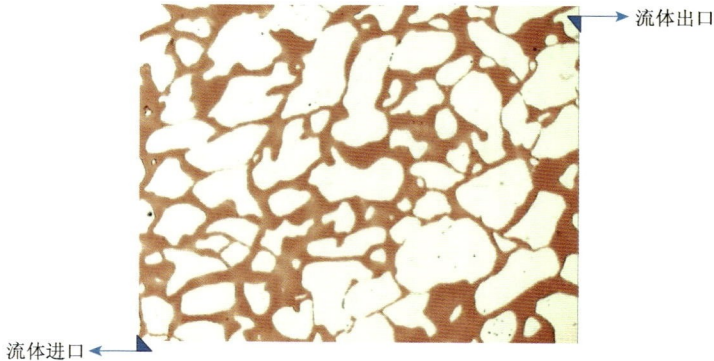

图 4-1　微观水驱油实验示意图

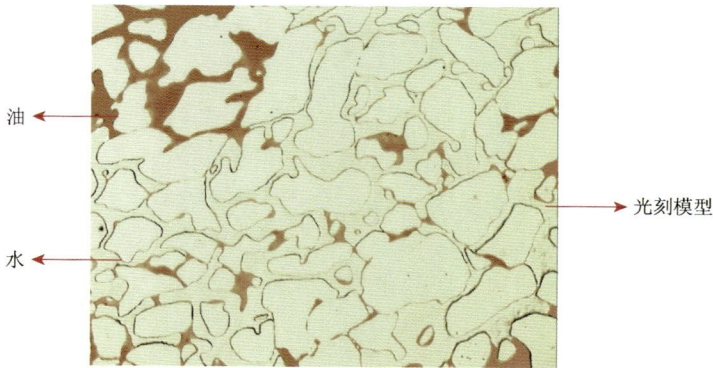

图 4-2　水驱油结束时残余油分布

4.2　二维孔隙模型重建及壁面距离的求解

4.2.1　二维孔隙模型重建

本书给出了一种基于图像边缘提取的二维微尺度孔隙模型建模方法，其具体流程为：

（1）采用本书 2.2.2 节所述的图像分割方法将原始模型图像二值化（见图 4-3a）。

（2）将二值化图像导入 Algolab Raster 软件，依据实验模型尺寸设置好图像长宽，识别出黑白区域的交界线并将其矢量化，并保存为 CAD 格式（.dxf），具体效果见图 4-3b）。

（3）将 CAD 格式的数据文件导入 ICEM 软件，得到如图 4-3c）所示的孔隙几何模型。以此为基础，开展网格划分，如图 4-3d）所示。模型共有 283815 个网格，其网格局部细节见图 4-3e）。由于 Fluent 软件对网格的偏斜度要求较高，在网格划分过程中应保证最大偏斜度小于 0.95（见图 4-3f））。

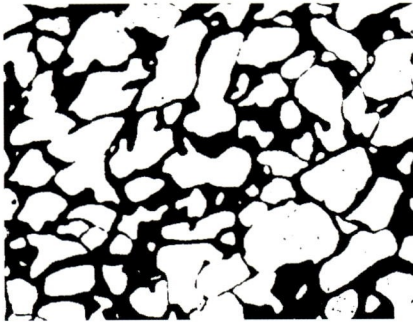

a) 二值化图像

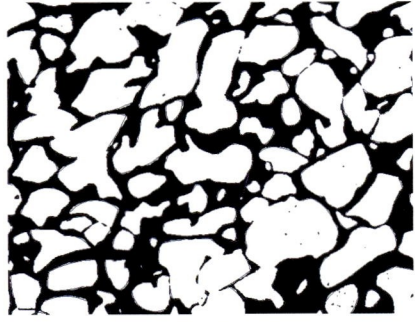

b) 图像轮廓线提取

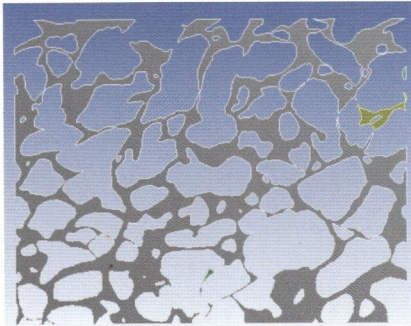

c) 几何模型

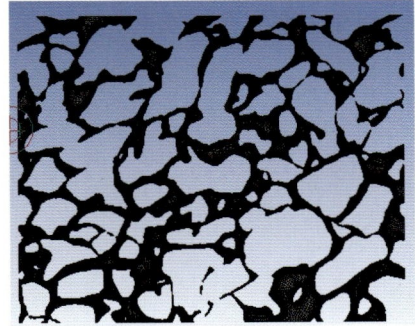

d) 网格模型

e) 网格局部细节

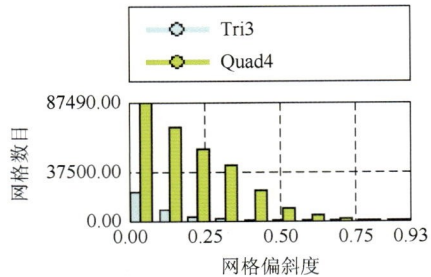

f) 网格质量分布

图 4-3　二维微尺度孔隙模型重建流程

4.2.2 壁面距离求解

本书第 3 章提出了基于微流边界层理论的孔隙渗流数学模型，如式（3-31）所示。该模型的关键在于近壁面区域网格壁面距离 l_d 的求解，模型的实现需要求解所有网格单元到壁面网格点的最短距离。对于第 2 章所采用的毛细管等简单模型，可直接读取网格点的 y 坐标。对于具有复杂边界的模型（如图 4-3），则需要通过一定算法实现壁面距离的求解。对于网格总量为 M，壁面网格数为 N 的模型，如果采用直接求解法则需要计算每个网格中心与壁面网格的距离并取最小值，需要完成 $M \times N$ 次迭代。对于具有数百万网格且边界复杂的岩石孔隙结构模型，计算量巨大。为了解决这一难题，许多学者提出了新的求解方法，例如快速推进算法[256]、面集法[257]、循环盒子法[258]、逐层推进算法[259]等，这些方法均需要通过编程来实现。还可以通过构建偏微分方程求解壁面距离，例如 Possion 方程法[260]，Eikonal 方程法[261]和 Hamilton-Jacobi[262]方程法，该方法通过适当修改原流体输运方程的对流、扩散项，利用已有的商用软件实现壁面距离的求解，不需要复杂的编程，简单易用且在近壁面区域结果可靠。本书主要采用 Possion 方程法，该方法先求解方程：

$$\nabla^2 U = 1 \qquad (4\text{-}1)$$

再利用 U 的梯度计算壁面距离 l_d：

$$l_d = -\sqrt{\sum_{j=1,3}\left(\frac{\partial U}{\partial x_j}\right)^2} + \sqrt{\sum_{j=1,3}\left(\frac{\partial U}{\partial x_j}\right)^2 + 2U} \qquad (4\text{-}2)$$

研究表明，该方法求得的壁面距离在近壁面区域是精确的。微流边界层系数的作用对远壁面区域的影响几乎可以忽略不计，因此采用该方法进行壁面距离的求解是可行的。

4.3　数　值　模　拟

4.3.1　微观水/CO_2驱饱和油数值模拟

数值模拟过程采用与微观水驱油实验相同的压力进出口边界，其余均为不流动边界。通过对进出口边界给定压差驱使水进入模型内部。由于油水为互不相溶相，多相流模型采用 Fluent 内置的 VOF 模型。假定流体为层流，采用 SIMPLE 压力修正项，设置 1E-5 的绝对收敛条件，采用默认的松弛因子。数值模拟所采用的流体物性参数见表 4-1。

表 4-1　数值模拟研究流体物性参数表

流体	密度 ρ/(kg/m³)	黏度 μ/cP	表面张力 σ/(N/m²)
油	890	48	--
水	1000	1	0.048
CO₂	1.7878	0.0137	0.015

1. 水驱饱和油

为了与微观水驱油实验保持一致，本章首先模拟了流场初始条件为饱和油状态的水驱替油过程，模拟采用的润湿角为[0°，30°]。模型不同时间步的油水分布见图 4-4。从图中可以看出，水沿进口流入并驱动油沿着某一主要通道逐步向出口处推移，驱替过程出现明显的指进现象；在某些狭窄喉道处，由于毛细管力的存在，与之相连的孔隙中的油亦无法被驱替；此外，由于水无法波及，模型左上角及右下角角落里面的油未能被驱走。第 100 时间步水驱结束，其油/水分布如图 4-4d）所示，与室内实验水驱结束的残余油分布（图 4-2）较好吻合。结合不同时间的模型雷诺数云图中（图 4-5）可知，油水驱替过程的主要流通通道是沿着进口—出口方向孔径较大的孔隙；且雷诺数场的变化情况也表明了水驱油过程中的指进效应。然而，数值模拟从建模到完成相应计算只需要数十分钟的时间，而模型实验则往往需要数天的时间；且数值模拟研究耗费资金较少。由此可见，采用数值模拟研究微观水驱油过程取得了较高的预测精度，避免了室内物理模拟实验所需的时间与资金耗费，易于实现，适应性强。

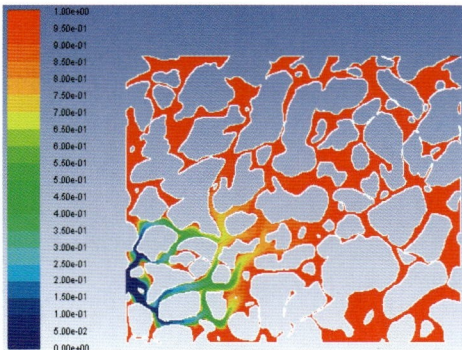

a) 2时间步

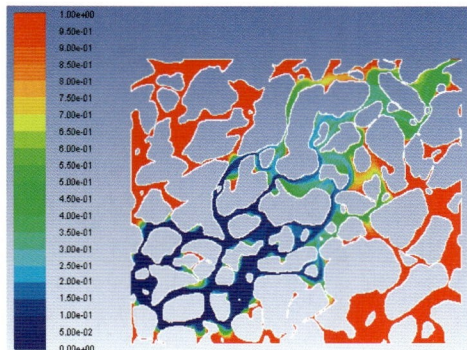

b) 20时间步

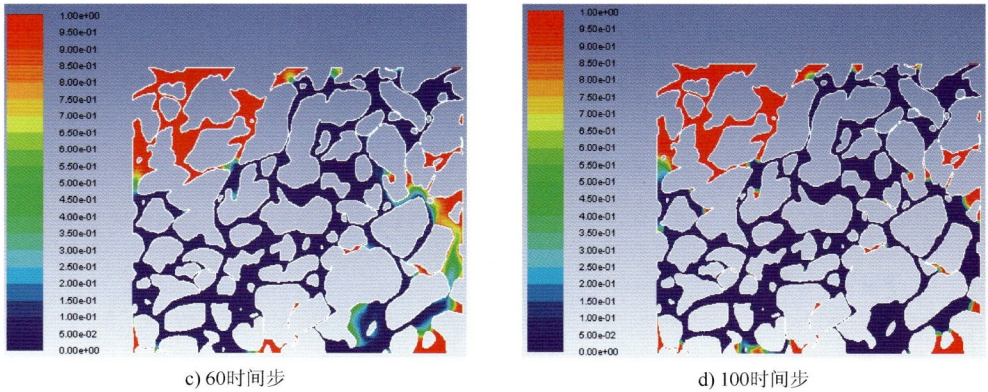

c) 60时间步　　　　　　　　　　　　d) 100时间步

图 4-4　不同时间步的油/水分布

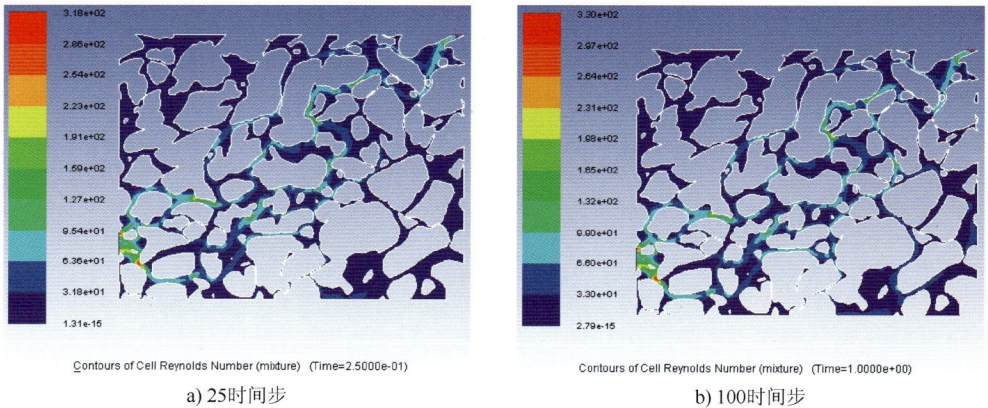

Contours of Cell Reynolds Number (mixture)　(Time=2.5000e-01)　　　Contours of Cell Reynolds Number (mixture)　(Time=1.0000e+00)

a) 25时间步　　　　　　　　　　　　b) 100时间步

图 4-5　不同时间步模型雷诺数云图

2. CO$_2$ 驱饱和油数值模拟

采用与水驱油数值模拟相似的边界条件及假设，本节预测了 CO$_2$ 在孔道中的驱油机理，此处并未考虑 CO$_2$ 与油混相引起的性能改变。图 4-6 显示了 CO$_2$ 驱油过程中不同时间步 CO$_2$ 与油在孔隙中的分布情况。与水驱油过程相比，相同时间步 CO$_2$ 驱油的残余油分布较水驱多，且模型出口 CO$_2$ 突破时的气体饱和度高于水突破时的含水饱和度，但驱油结束时采收率高于水驱油的效果。这主要是由于气体的分散性在驱替前期难以形成连续的流动相，但气油两相的表面张力较小，在驱替后期比水更容易将角落的残余油驱出。

水驱油与 CO$_2$ 驱油相对渗透率曲线（见图 4-7）的对比分析表明，在驱替相水/CO$_2$ 的低饱和度区（$S_{驱替相} \in [0.25, 0.4]$），CO$_2$ 的相对渗透率较低且增长较缓；对比第 25 时间步水驱油与 CO$_2$ 驱油的雷诺数云图（图 4-8）也可以发现相似的规律。该现象主要是由于气体的分散性在驱替初期无法形成连续相，同时由于分散的气体率先占据大孔道造成了油相渗透率的下降；直至孔道中分散的 CO_2 气体相互贯通形成连续通道，其相对渗透率才出现明显上升。

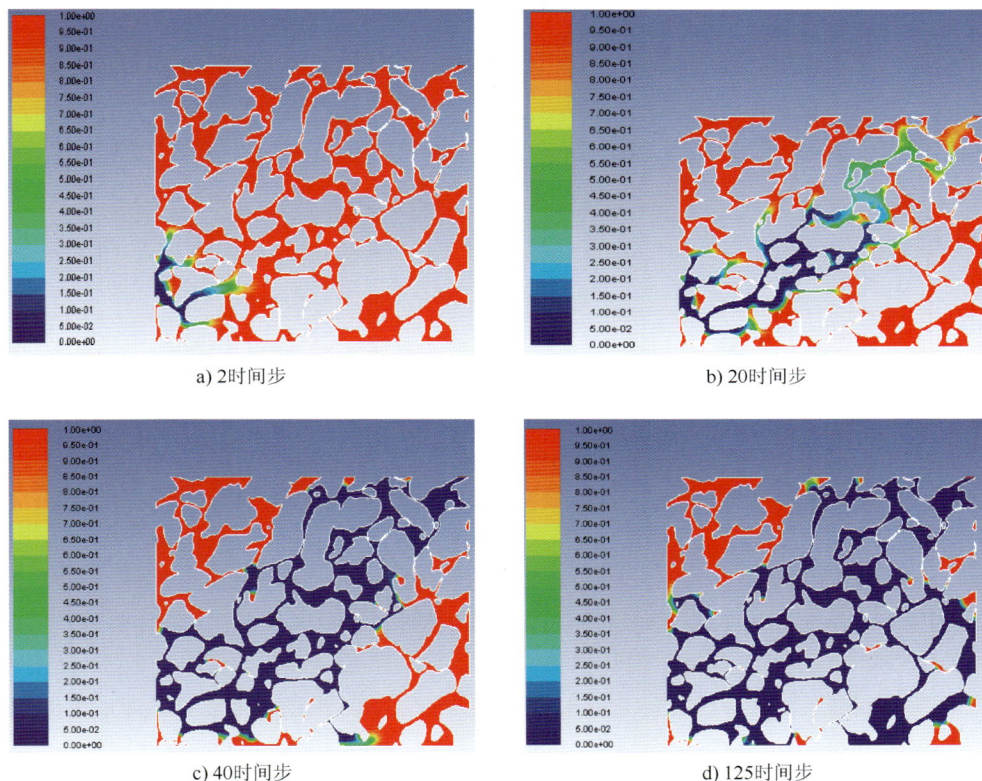

a) 2时间步　　　　　　　　　　　b) 20时间步

c) 40时间步　　　　　　　　　　　d) 125时间步

图 4-6　不同时间步的 CO_2/水分布

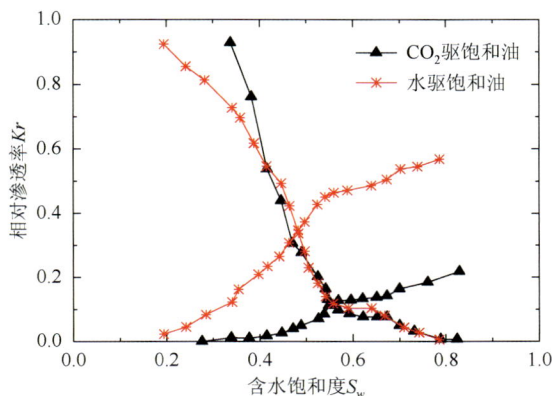

图 4-7　水/CO_2驱油过程油水相对渗透率曲线

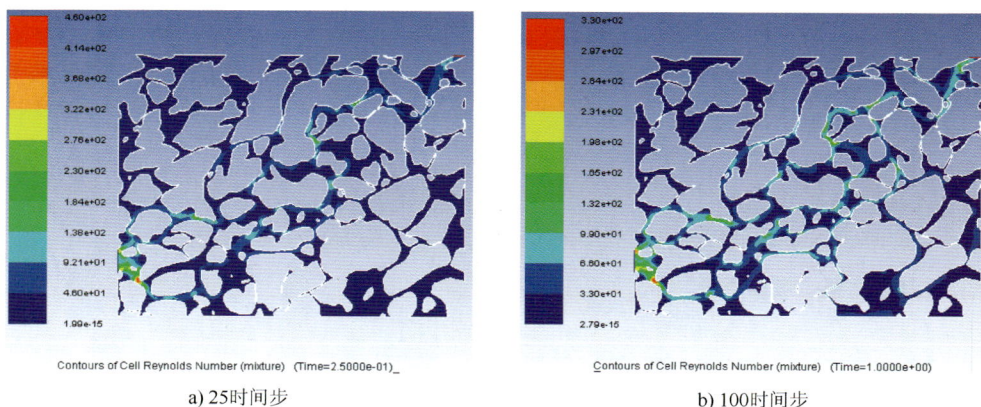

a) 25时间步　　　　　　　　　　　　　　　　　　b) 100时间步

图 4-8　　CO_2 驱油数值模拟不同时间步雷诺数云图

4.3.2　油驱水后水驱油

为了模拟油藏形成及后续的注水开发过程,本节模拟了基于 3.1.3 节所述的过程:模型初始为饱和水状态,在油藏初始形成过程,油驱水至束缚水饱和度的状态,然后进行水驱油过程至 4 倍孔隙体积(注水开发过程)。驱替过程采用恒压驱替,初始驱替压力依据式(3-19)计算,取为 0.01MPa。考虑到光刻玻璃模型的亲水性,本次模拟中油驱水和水驱油过程采用的润湿角区间为[0°,30°]。油驱水过程模型不同时间步的含油饱和度云图见图 4-9。从图中可以看出,在亲水性模型的油驱水过程中,水为润湿相,油为非润湿相,因此油主要沿流动阻力最小的孔喉前进,表现为沿着大孔或孔隙中部向前突进,形成了以小孔隙及孔喉狭窄部位的不规则水柱、孔隙盲端及由于油相绕流形成的成片束缚水区域。

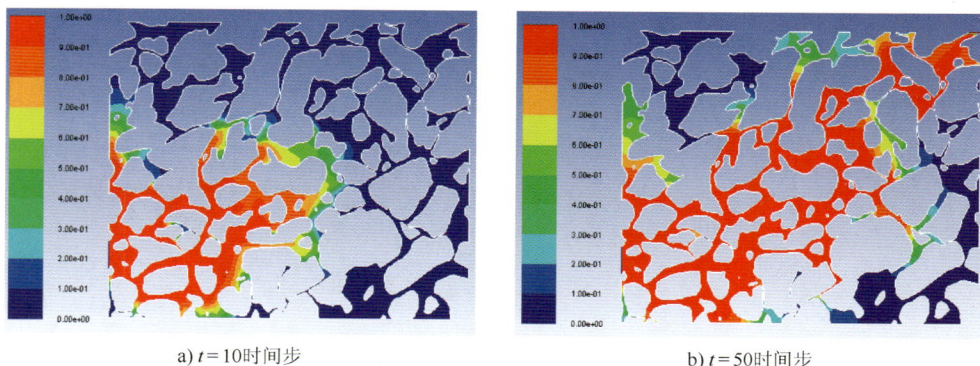

a) $t = 10$时间步　　　　　　　　　　　　　　　　　b) $t = 50$时间步

图 4-9　油驱水过程

　　图4-10展示了亲水性模型中水驱油过程的含油饱和度云图。从图中可以看出，在亲水性模型中，水驱替油的过程是润湿相驱替非润湿相的过程，水相可以沿着孔隙壁面前进将附着在壁面的油剥离下来，残余油主要存在于被大孔隙包围的小孔隙群中或由狭窄喉道连结的大孔中；在亲水模型中几乎没有附着在固体表面的油膜而造成的残余油。

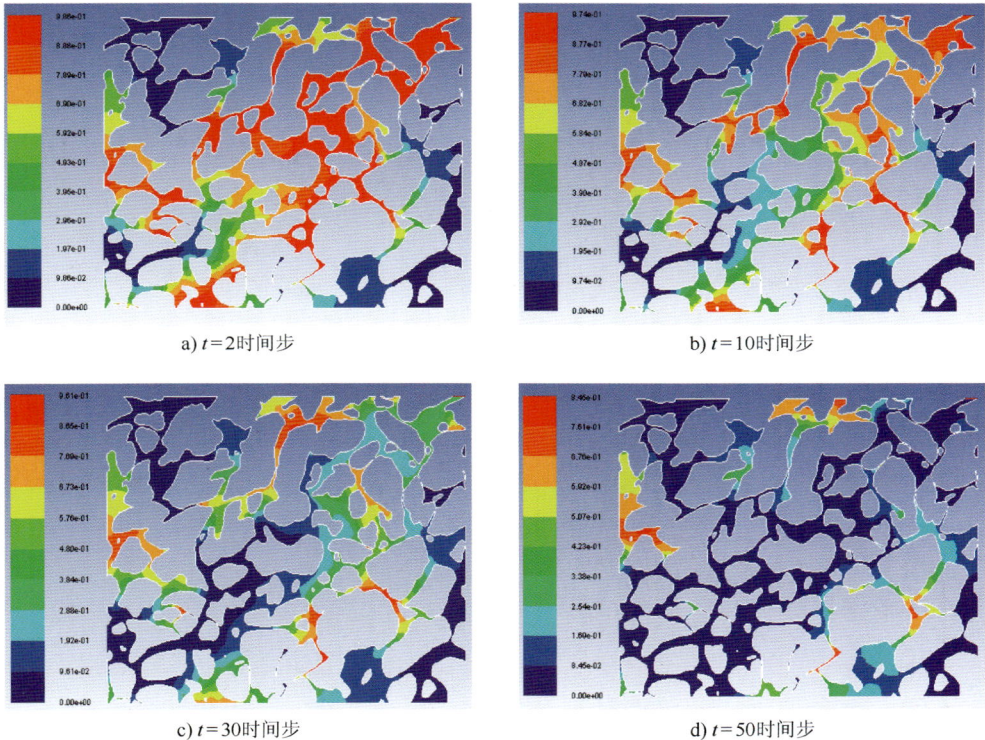

a) $t=2$时间步　　　　　　　　　　　　　　b) $t=10$时间步

c) $t=30$时间步　　　　　　　　　　　　　　d) $t=50$时间步

图 4-10　强亲水模型水驱油过程含油饱和度云图

　　在亲油模型中（接触角 $\theta_w \in [150°，180°]$），水主要沿孔隙中间部位向前推移，形成了残留在孔隙表面的油膜，以及小孔隙中无法被驱替的残余油柱，也存在因绕流形成的残余油带（见图 4-11）。因此亲油模型的残余油饱和度略高于亲水模型。

　　通过监测不同时间步的油水相出口流量以及模型内各相体积率，绘制了油水的相对渗透率曲线，如图 4-12 所示。从图中可以看出，在亲水条件下，数值模拟研究与室内实验测得的油水相对渗透率曲线较好吻合，进一步验证了本数值模拟计算方法的有效性和可靠性。

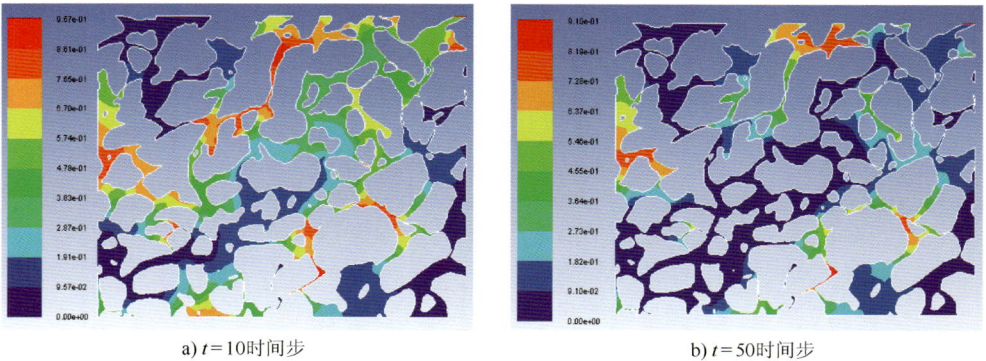

a) $t=10$时间步   b) $t=50$时间步

图 4-11 强亲油模型水驱油过程含油饱和度云图

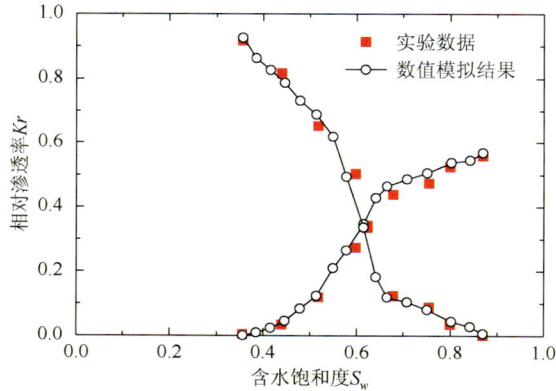

图 4-12 水驱油过程油水相对渗透率曲线

4.4 本 章 小 结

本章提出了将二维孔隙图像转换为几何模型并应用于数值仿真的方法，基于该方法利用 Fluent 软件实现了水/CO_2 驱油的数值模拟研究，获取了驱替过程中水/CO_2 的实时分布、雷诺数分布云图及相对渗透率曲线。通过与相同孔隙图像制备的光刻玻璃模型微观驱油室内实验的对比分析，验证了该方法的有效性。水驱饱和油过程与 CO_2 驱饱和油过程相对渗透率曲线的对比结果表明，CO_2 驱油前期渗透率上升较慢但最终采收率高于水驱效果。模拟了油藏形成及注水开发过程，模型的相对渗透率曲线与实验曲线较好吻合，分析了强亲水与强亲油模型残余油的分布及形成机理。该方法给出了一种新的研究手段来观测微观渗流的整个过程，且与微观水驱实验相比，该方法适应性强、应用面广、结果直观、成本较低，可综合考虑流体物性、模型润湿性等多个参数的影响，具有广阔的应用前景。

第5章 基于最大球法的等效孔隙网络模型构建及渗流规律研究

等效孔隙网络模型在早期微尺度孔隙模型重建及渗流数值模拟研究中占有重要的地位。岩石三维等效孔隙网络模型基于几何相似的思想，以规则几何体表征和再现岩石内部孔隙的拓扑结构及空间连通性。目前应用最为广泛的当属英国帝国理工大学 Blunt 教授等基于最大球法构建的三维岩心等效孔隙网络模型，该模型在国内亦有广泛的应用。本章在研究以最大球法构建等效孔隙网络模型的基础上，针对原始算法容易造成不合理高配位数的缺点，利用三维中轴线提取算法改进了原最大球法孔隙与喉道的识别与分割过程；利用该模型构建了不同岩样的等效孔隙网络模型，开展了模型渗透率、毛管力曲线及油水相对渗透率曲线的预测并与原有基准数据进行了对比验证。

由于微尺度岩心模型尺寸往往在 1mm 左右，室内的流体实验难以开展。本书所采用的基准岩心实验孔渗参数只有原始标准岩心（25mm×50mm）的渗透率、毛管力曲线、压汞曲线及驱替实验数据，以及部分文献实验结果。由于重建工作所采用的岩心图像往往只是原始样品的一小部分，模拟结果与实验结果有时候存在较大偏差。因此，本章亦作为本书后续所提出的微观孔隙结构模型的一种对比验证手段。

5.1 基于最大球法的孔隙网络模型重建

5.1.1 建模流程

基于几何相似的思想，岩石三维等效孔隙网络模型采用规则几何体表征和再现岩石内部孔隙的拓扑结构及空间连通性。其主要生成流程为：

（1）三维图像的降噪处理、二值化分割及数值化处理，具体见 2.2 和 2.3 节。

（2）三维孔隙图像中轴线的提取：在原算法中，主要通过构建一系列与岩石骨架相切的最大球组成孔喉链，然后依据半径大小对球进行排序，将孔喉链中局部半径最大的球定义为孔隙，与之相连的小球定义为喉道[196]。由于该过程对图像边角和形状曲折区域的识别度过高，造成了不合理的高配位数[196]。基于此，本书采用 Amira 软件中的距离排序同伦细化算法对算法进行了改进，其主要思想是在不改变原图像拓扑关系的前提下，逐层剥落目标图像的外层像素直至获得单像素宽的图像中轴线，并记录下每个中轴点收缩过程中的收缩路径。图像的中轴线体系可充分体现岩石内孔隙的空间连通性，将中轴线体系中三条及以上的曲线交汇处定义为孔隙，也就是一个计算节点，孔隙间的曲线则被认为是喉道。依据砂岩 B1 提取得到的孔隙中轴线如图 5-1b）所示，图中的小球代表孔隙，孤立像素体均被当作孔隙来处理。

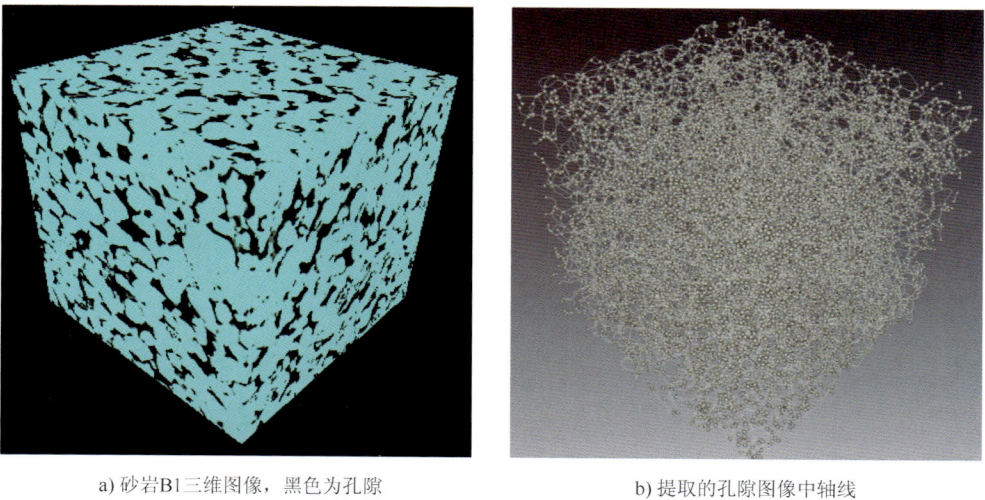

a) 砂岩B1三维图像，黑色为孔隙　　　　　　　　b) 提取的孔隙图像中轴线

图 5-1　三维图像及其提取得到的中轴骨架

（3）构建最大球：按照最大球法的思想，采用几何近似，分别用球体和圆柱体表征岩石中的孔隙与喉道。由于在图像中轴提取过程中已完成了孔隙与喉道的划分以及孔隙连通性的提取，只需还原孔隙与喉道的几何尺寸即可完成孔隙网络模型的构建。以步骤（2）得到的孔隙中心为球心，构建与岩石骨架相切的最大球作为孔隙；沿中轴线构建以收缩路径为半径的圆柱体作为连接孔隙间的喉道。由于孔隙网络模型采用球体和圆柱体表征岩石中的孔隙与喉道，本步骤的主要工作是孔喉半径的确定。岩石微观 CT 图像中，原有的孔隙由一系列像素体堆叠而成。图 5-2a）及图 5-2b）分别展示了一个由 7 像素体构成的三维孔隙图像及其最大球半径上下限的求解示意图。对于这种不规则的堆积体而言，很难精确描述其半径，为此 Hu 等[196]引入了最大球半径的上限 R_u 与下限 R_l，而最大球的半径 R 可由式（5-1）确定：

$$R_1^2 \leqslant R^2 < R_u^2 \tag{5-1}$$

其中，R_u^2 为球心 C（x_c，y_c，z_c）到最近岩石骨架像素点 S（x_s，y_s，z_s）距离的平方；R_1^2 为半径为 R_u 的球中像素点 P（x_p，y_p，z_p）与球心 C（x_c，y_c，z_c）最大距离的平方。两者可由公式（5-2）求得：

$$
\begin{aligned}
R_u^2 &= (x_c - x_s)^2 + (y_c - y_s)^2 + (z_c - z_s)^2 \\
R_1^2 &= \max\{(x_c - x_p)^2 + (y_c - y_p)^2 + (z_c - z_p)^2\}
\end{aligned}
\tag{5-2}
$$

此时，连结孔隙 i 与孔隙 j 的喉道长度 l_{ij} 可由式（5-3）确定：

$$l_{ij} = D - (R_i + R_j) \tag{5-3}$$

其中，D 为孔隙 i 中心到孔隙 j 中心的距离，R_i 和 R_j 分别代表孔隙 i 与孔隙 j 的半径。若两个不同孔隙得到的最大球体发生重叠，则这两个孔隙合并为一个，孔隙中心取二者球心连线的中点，孔隙半径取二者之中的最小值。同时，由于中轴线的收缩路径不可能相同，为了拟合测得的毛管力曲线，本书孔隙网络模型中孔喉半径取区间[R_l-1（pix），R_u]的随机值，且最小值不低于图像分辨率的 $1/10$[196]。

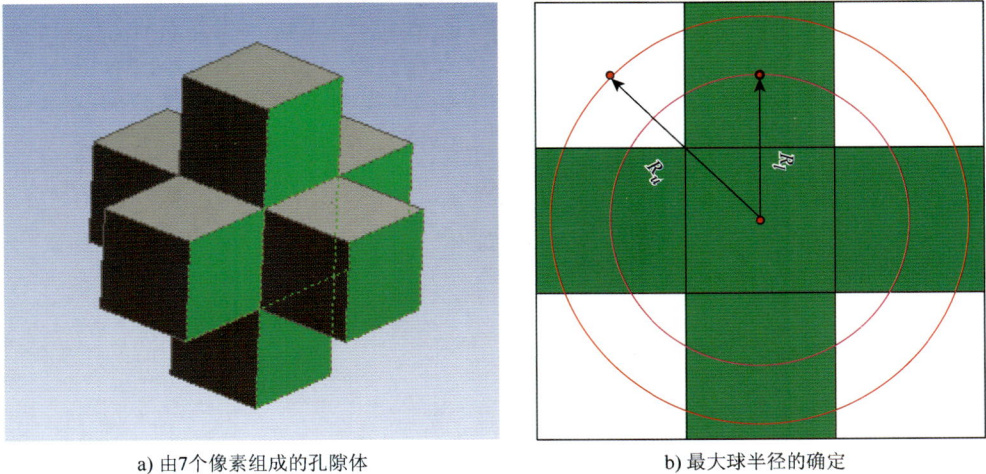

a) 由7个像素组成的孔隙体　　　　　b) 最大球半径的确定

图 5-2　孔隙网络模型中孔喉半径的确定

（4）模型的形状因子：在等效孔隙网络模型数值计算过程中，孔隙和喉道被当作一系列等截面的柱体，其截面形状可以是圆形、三角形或四边形。此时将引入形状因子的概念：

$$G = A / C^2 \qquad (5\text{-}4)$$

其中，G 为形状因子，A 为原始孔喉截面积，C 为原始孔喉周长。圆形、正方形和正三角形的形状因子分别为 $1/4\pi$、$1/16$、0.0481。通过保证规则几何体具有与原始孔隙图像相等的形状因子在一定程度上弥补了等效孔隙网络模型与原始孔隙结构特征存在较大差异的不足。同时具有边角结构的三角形与正方形截面的孔喉模型在驱替过程中会出现角落流体"卡死"的现象，使模拟结果更趋于真实。

5.1.2　孔隙网络模型参数分析

　　基于 5.1.1 节所述算法，本章共构建了包括 MS1、C1、B1 及 F1 共四种岩样（MS1 为人造砂岩，C1 为碳酸盐岩，B1 为贝雷砂岩，F1 为枫丹白露砂岩）的孔隙网络模型，其中岩样 MS1 模型示意图如图 5-3 所示。图中孔隙与喉道的不同颜色分别代表不同的半径，从图中可以看出，砂岩的孔隙连通性普遍较好，孤立孔隙较少；碳酸盐岩主要由一些较大的溶孔组成，且小的孤立孔隙较多。模型尺寸、孔喉半径及孔隙模型真实孔隙度等参数如表 5-1 所示。从表中可以看出，由于采用了几何近似，同时为了拟合毛管力实验曲线，孔喉的尺寸被缩小，造成了重建等效孔隙网络模型的孔隙度远低于原始图像，普遍为原始图像的 15%～20%。

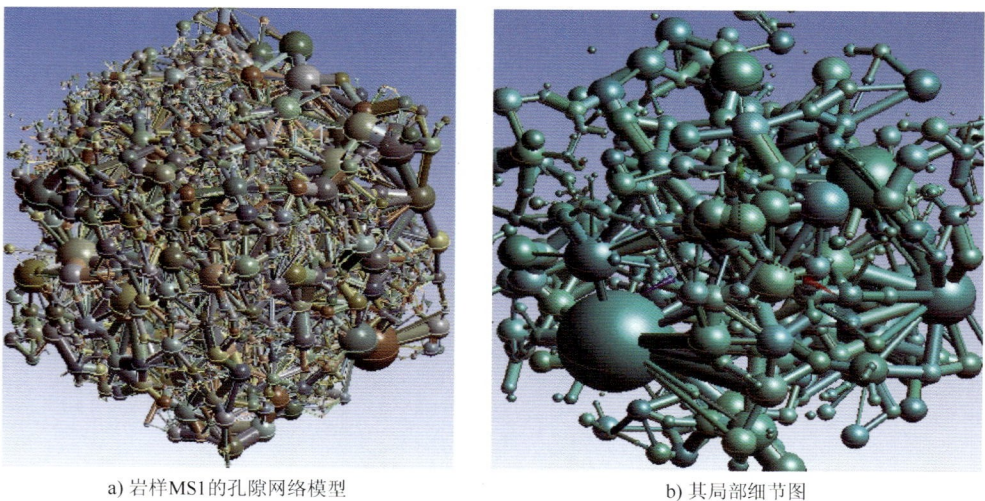

<table>
<tr><td>a) 岩样MS1的孔隙网络模型</td><td>b) 其局部细节图</td></tr>
</table>

图 5-3　孔隙网络模型及其局部细节图

表 5-1　岩样 MS1，C1，B1，A1 孔隙网络模型及原始图像参数统计表

岩样编号			MS1	C1	B1	F1
原始图像像素数目			300^3	400^3	400^3	400^3
正方体模型边长/mm			0.82	1.32	2.14	1.46
孔隙网络模型	孔隙数目		3656	3642	6298	810
孔隙网络模型	孔隙半径/μm	最大半径	48.75	80.7	71.45	57.44
孔隙网络模型	孔隙半径/μm	最小半径	1.03	1.38	2.22	1.71
孔隙网络模型	孔隙半径/μm	平均半径	6.79	9.69	15.37	20.66
孔隙网络模型	孔隙体积/mm^3		0.023	0.060	0.21	0.059
孔隙网络模型	喉道数目		7998	6172	12558	1563
孔隙网络模型	喉道半径/μm	最大半径	37.80	64.15	54.84	54.34
孔隙网络模型	喉道半径/μm	最小半径	0.21	0.33	0.53	0.37
孔隙网络模型	喉道半径/μm	平均半径	4.02	5.05	7.13	8.96
孔隙网络模型	喉道体积/mm^3		0.014	0.027	0.10	0.025
孔隙网络模型	孔隙配位数	最大值	27	21	18	13
孔隙网络模型	孔隙配位数	最小值	0	0	0	0
孔隙网络模型	孔隙配位数	平均值	4.28	3.30	3.92	3.72
孔隙网络模型	孔隙度		6.68%	3.78%	3.06%	2.70%
原始图像	孔隙半径/μm	最大值	72.95	114.33	120.26	100.71
原始图像	孔隙半径/μm	最小值	1.03	1.66	2.67	1.83
原始图像	孔隙半径/μm	平均值	12.07	19.55	18.78	20.46
原始图像	孔隙度		35.98%	17.12%	19.65%	13.71%

由于模型的主要构建思想仍是基于最大球法，改进后得到的等效孔隙网络模型的孔隙度与原方法得到的模型参数较好地吻合，分割得到的孔隙与喉道数目有所减少，大多为图像中孔隙边缘的小细节（见表 5-2）。对于主要由连通性较好孔隙组成的模型 F1 而言，改进后模型的各参数与原始算法趋于一致。

表 5-2　改进后模型与原始模型参数对比

模型参数 岩样编号	孔隙度		孔隙数目		喉道数目	
	改进模型	原模型	改进模型	原模型	改进模型	原模型
B1	3.06%	3.06%	6298	6423	12558	13162
C1	3.78%	3.78%	3642	3825	6172	7913
F1	2.70%	2.70%	810	817	1563	1572
MS1	6.68%	6.69%	3656	3953	7998	8423

改进后模型与原算法模型孔隙配位数曲线的对比如图 5-4 所示。从图中可以看出，原始算法得到的 C1 和 MS1 的最大配位数达到了 42 和 52；而改进后的算法有效减少了模型中不合理高配位数的出现，使模型更为合理。同时从曲线中可以看出，岩样孔隙配位数主要集中在 1-6，约占 85%以上；虽然各个模型平均配位数接近，但模型最大配位数存在较大差异，均质性较好的砂岩 F1 的最大配位数为 13，而均质性最差的 MS1 改进后的最大配位数达到 27，说明该岩样内部存在大量细小喉道与孔隙。

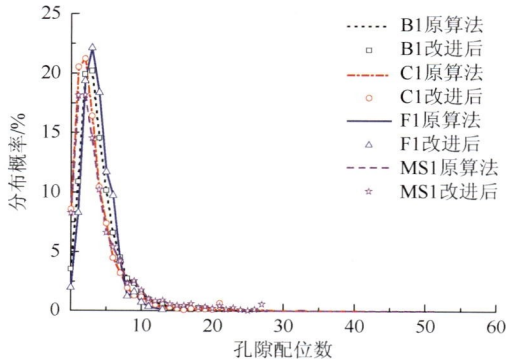

图 5-4　改进模型与原模型孔隙配位数对比图

等效孔隙网络模型孔隙与喉道形状因子的分布如图 5-5、图 5-6 所示。基于前文的介绍，对于三角形、矩形形和圆形截面，其模型形状因子的取值区间分别设置为（0，0.0481]、（0.0481，0.071]、（0.071，0.0796]，以弥补网络模型无法反映真实岩石孔隙边角结构的缺陷。形状因子越小，对应的孔隙结构越尖锐；反之则说明孔隙较为光滑。从图 5-5 和图 5-6 中可以看出，本章模型三角形截面居多，矩形和圆形截面极少。

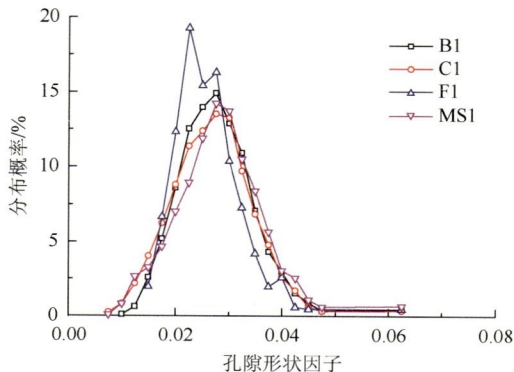

图 5-5　等效孔隙网络模型孔隙形状因子分布曲线

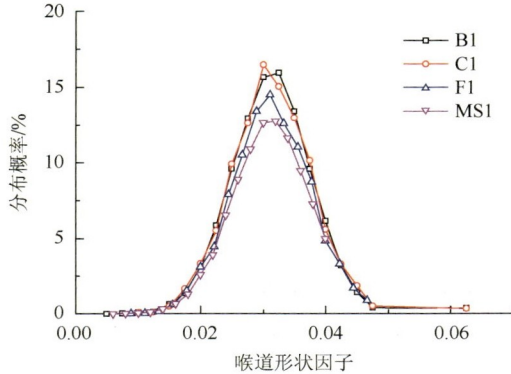

图 5-6　等效孔隙网络模型喉道形状因子分布曲线

5.2　基于泊肃叶定律的两相渗流数学模型

本节采用英国帝国理工大学 Valvatne 与 Blunt 开发的数值模拟程序进行孔隙网络模型单相流体及油水两相渗流机理的模拟研究。该程序主要基于泊肃叶定律，已在多项研究中验证了其有效性[263-266]。

5.2.1　渗透率计算

由于网络模型中的孤立孔隙不参与流体运移，参与流体流动的只有球体与圆柱体相互连接组成的孔喉链，其基本组成单元如图 5-7 所示。此时，根据泊肃叶定律，相邻孔隙（i，j）间流体 α 的局部渗流流量可通过式（5-5）求得[5]：

$$Q^{\alpha}_{ij} = g^{\alpha}_{p,ij}(p^{\alpha}_i - p^{\alpha}_j + p_c) \tag{5-5}$$

式中，p^{α}_i 及 p^{α}_j 分别为孔隙 i，j 两端的压力，$g^{\alpha}_{p,ij}$ 是由喉道 t 连接的孔隙体（i，j）间流体 α 的传导率，可由式（5-6）计算[5]：

$$\frac{L_{ij}}{g^{\alpha}_{p,ij}} = \frac{L_{p,i}}{g^{\alpha}_{p,i}} + \frac{L_t}{g^{\alpha}_{p,t}} + \frac{L_{p,j}}{g^{\alpha}_{p,j}}$$

$$g_j = k\frac{A^2}{4\pi\mu_j} \tag{5-6}$$

式中，L_{ij} 是孔隙体 i 中心与孔隙体 j 中心的距离；$L_{p,i}$ 和 $L_{p,j}$ 分别为孔隙体 i 中心、孔隙体 j 中心与孔隙-喉道分割处的距离；A 为孔隙或喉道的截面积；μ_j 为流体 j 的黏度；k 为常数，正三角形、圆和正方形的 k 分别为 0.6、0.5 和 0.56。

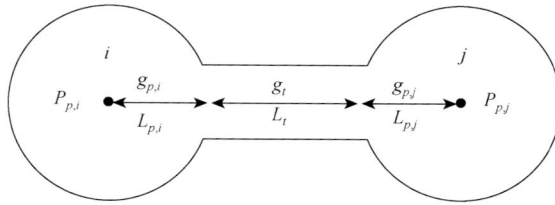

图 5-7　两孔隙体间的流体传导率示意图[5]

由达西定律可得孔隙网络中流体 α 的渗透率如式（5-7）所示：

$$K_\alpha = \frac{\mu_\alpha Q_\alpha L}{A \Delta p} \tag{5-7}$$

式中，Q_α 表示流体 α 在压力梯度 Δp 下流经长度 L 时的单相流流量，A 为模型横截面积。

多相渗流过程中，流体 α 的相对渗透率如式（5-8）所示：

$$k_{r\alpha} = \frac{Q_\alpha}{\sum\limits_{i=1}^{n} Q_i} \tag{5-8}$$

式中，Q_i 为多相流中流体 i 的渗流流量。

5.2.2　准静态油水驱替过程模拟

在孔隙网络模型两相流体渗流计算中，流体黏性力与毛细管力相比很小，因此，准静态的油水驱替过程假定不混相流体流动由毛管力控制。油水驱替过程主要分为两步：

（1）首先假设模型中充满水，采用油驱水至一定含油饱和度以模拟油藏初始形成过程。早期模型充满水，为强亲水性。当油相压力大于毛细管入口压力时，原油以类似活塞驱替方式推进，此时在油水接触面的毛管力可由 Young-Laplace 方程得到[265]：

$$p_c = \frac{2\sigma \cos \theta_w}{r} \tag{5-9}$$

其中，θ_w 为接触角，σ 为流体界面张力，r 为流体所流经的孔隙或喉道的半径。

（2）模拟水驱油过程，即油田注水开发过程。该过程采用 Blunt 提出的随机孔隙填充模型，该模型规定最小油水界面曲率半径和孔隙相邻的喉道数共同决定了毛细管的入口压力[265]：

$$p_c = \frac{2\sigma \cos \theta_i}{r} - \sigma \sum_{i=1}^{n} A_i x_i \qquad (5\text{-}10)$$

式中，x_i 分别为区间（0，1）内的随机数；n 为孔隙配位数；A_i 为常数，取 $0.015\mu m^{-1}$。

　　根据油藏润湿性转变理论，随着驱替过程的进行，孔隙中的油水相对比例发生变化，导致了油藏润湿性的变化，进而影响油水在岩石表面的分布情况。流体与岩石的接触角常被用来衡量岩石的润湿性。在油水驱替过程中，非湿相驱替湿相时接触角为后退角，湿相驱替非湿相时接触角为前进角。孔隙网络模型中接触角 θ_w 可由 Morrow 等提出的润湿滞后模型确定（图 5-8）[267]：

$$\theta_w = (\theta_{w,max} - \theta_{w,min})\{-\delta \ln[\beta(1 - e - 1/\delta) + e - 1/\delta]^{1/\gamma} + \theta_{w,min} \qquad (5\text{-}11)$$

式中，$\theta_{w,\,max}$ 和 $\theta_{w,\,min}$ 分别表示定义的最大与最小流体固有接触角，δ 和 γ 为截断威布尔分布的形状参数，β 为 0～1 的随机数。

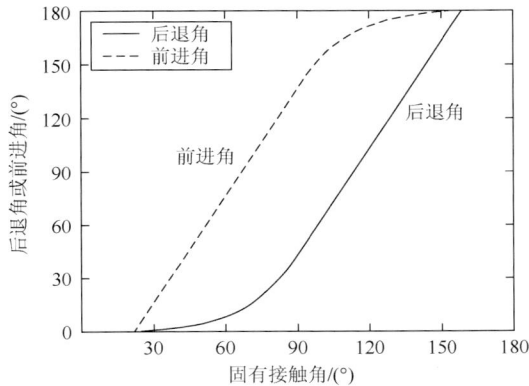

图 5-8　粗糙表面的流体前进角和后退角与光滑表面测得的流体固有接触角的关系曲线[267]

5.3　单相及油水两相渗流数值模拟结果

　　本节基于英国帝国理工大学 Valvatne 与 Blunt 开发的数值模拟程序开展孔隙网络模型中单相流体及油水两相渗流机理的模拟研究。

5.3.1　绝对渗透率预测

　　借助于重建得到的孔隙网络模型与油水两相渗流程序，得到了岩心的绝对渗透率数据。表 5-3 所示为上述 4 个岩心的渗透率实验值（其中 MS1 及 C1 为原始

大岩心渗透率数据，B1 为文献[196]数据，F1 无实验数据）与模型预测值的对比
情况。从表中可以看出，对于均质性较好的人造砂岩 MS1 与贝雷砂岩 B1，实验
数据与数值模拟预测值较好吻合，而对于均质性较差的碳酸盐岩 C1，渗透率数据
存在较大差异。这是由于室内岩心渗透率实验往往是沿标准圆柱形小岩心上下底
面方向测得渗透率数据，而对于孔隙网络型而言，模型的渗透率求解是基于网络
模型中相互连接的孔喉链，在计算过程中是以图 5-7 所示的孔喉体为基本计算单
元开展计算，其沿 $x/y/z$ 三个方向的渗透率非均质性并不存在，换而言之，孔隙网
络模型三个方向的渗透率是相等的，这显然与实际情形不符。因此，孔隙网络模
型的方法适用于较为均质的岩石样品，且可快速预测出岩样的渗透率。

表 5-3　岩心绝对渗透率

岩心编号	实验渗透率/D	孔隙网络模型渗透率/D
B1	1.100	1.210
C1	0.969	1.855
F1	—	0.872
MS1	3.532	3.706

5.3.2　油水两相渗流过程预测

基于以上驱替理论及重建的孔隙网络模型，可以实现岩心油水驱替过程的模
拟，具体流程为：首先假定模型为饱和水，模型润湿性为水湿，然后开展油驱水
模拟至实验测得的含水饱和度；调整模型润湿性以模拟原始油层水驱前的地层状
态，开展水驱油过程模拟。数值模拟研究中所采用的流体物性参数见表 5-4。

表 5-4　数值模拟采用的流体物性参数

张力系数 $\sigma/(\mathrm{mN/m})$	水黏度 $\mu_{\mathrm{w}}/\mathrm{cP}$	油黏度 $\mu_{\mathrm{o}}/\mathrm{cP}$	水密度 $\rho_{\mathrm{w}}/(\mathrm{kg/m^3})$	油密度 $\rho_{\mathrm{o}}/(\mathrm{kg/m^3})$	进口压力 $p_{\mathrm{inlet}}/\mathrm{Pa}$	出口压力 $p_{\mathrm{outlet}}/\mathrm{Pa}$
30.0	1.05	1.43	1000	890	10	0

本节主要以岩样 B1 为研究对象，该砂岩为亲水系统，因此油驱水过程模型
的油水接触角区间为 0°；当油驱水至实验测得的初始含水饱和度，模型因油的侵
入发生润湿性的变化，此时模型油水接触角区间为[20°，40°]。水驱油过程中岩样
B1 毛细管力曲线与实验曲线[196]的对比见图 5-9。从图中可以看出，当前润湿性
条件下模型预测得到的毛细管力曲线与实验值较好吻合。

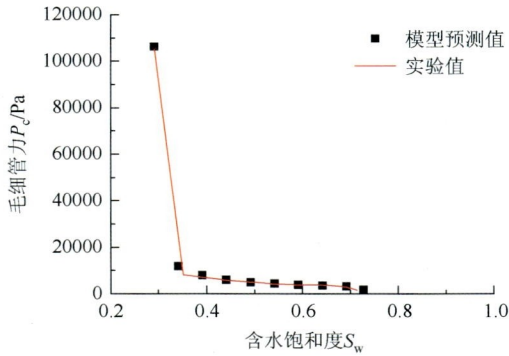

图 5-9　模型 B1 毛管力曲线与实验测得值

基于该模型预测得到的水驱油过程油水相对渗透率曲线如图 5-10 所示，由于初始含水饱和度依据实验所测值，曲线初始段及中间段匹配较好；但模型预测得到的采收率略高于实验值，其原因在于：

（1）模型影响：等效孔隙网络模型在实质上放大了岩心的内部连通性，原始的喉道在空间上具有一定的迂曲度，而在模型中喉道的形状均为直的；虽然为了拟合实验毛细管力缩小了模型的喉道半径，但最终影响了驱油效果的预测。

（2）驱替机制的影响：等效孔隙网络模型的驱替机制基于准静态的随机填充模型，即对于一个配位数为 n 的孔隙，与其相连的喉道在驱替压力大于喉道毛细管力的条件下，其中的流体均有可能被驱替或被绕过。这意味着一旦驱替相流体进入某一喉道，该喉道中的被驱替相将完全被驱替，而相邻孔隙中的两相液体界面形状则由表面张力所决定。残余油主要分布在孔喉边角处（主要由模型形状因子决定）以及毛细管力较高的喉道中。

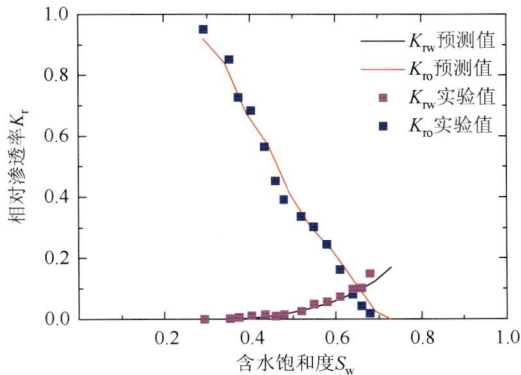

图 5-10　水驱油过程模型预测及实验测得的油水相对渗透率曲线

由于等效孔隙网络模型的主体为球体与圆柱体，在驱替过程中无法得到一个连续的含液饱和度云图。为了进一步认识油水的驱替过程，以数值模拟获得了不同时间步模型孔隙中的含水饱和度云图，将其以点云图的形式表示，如图 5-11 所示。从图中可以较为清晰地观察到驱替过程含水饱和度的变化及驱替相的指进现象。

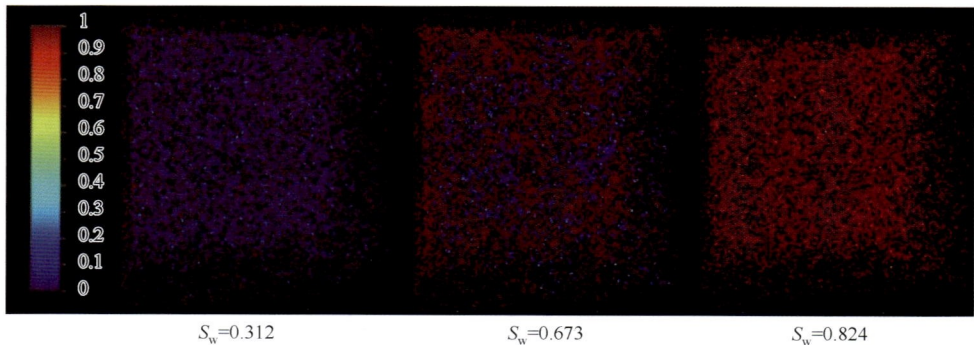

$S_w=0.312$ $S_w=0.673$ $S_w=0.824$

图 5-11 模型 B1 水驱油过程含水饱和度点云图

5.3.3 不同润湿性条件下水驱油两相渗流规律

在天然岩心驱替实验过程中，油水两相渗流规律往往受到岩样孔隙结构特征与岩样润湿性的共同作用。换言之，虽然可以通过化学试剂处理实验模型改变岩心的润湿性，但很难对润湿性的改变进行定量控制。而数值模拟研究可以很好地解决以上问题。本节利用等效孔隙网络模型分别模拟了模型 MS1 在强亲水（接触角[0°，30°]）、弱亲水（接触角[40°，70°]）、中间润湿性（接触角[80°，100°]）、强亲油（接触角[140°，170°]）条件下的水驱油过程。数值模拟采用的流体物性参数见表 5-5。

表 5-5 数值模拟采用的流体物性参数

表面张力系数 σ/(mN/m)	水黏度 μ_w/cP	油黏度 μ_o/cP	水密度 ρ_w/(kg/m³)	油密度 ρ_o/(kg/m³)	进口压力 p_{inlet}/Pa	出口压力 p_{outlet}/Pa
48.0	1.003	3.43	1000	890	10	0

不同润湿性条件下模型预测的水驱油毛管力曲线如图 5-12 所示，随着模型润湿性的变化，毛细管力在水驱油过程中所扮演的角色发生转变：在亲水岩样内，毛细管力为正值，对非润湿相油的运动起阻碍作用；随着岩样亲水性的减弱，毛细管力逐渐将小；当岩样润湿性变为亲油时，毛细管力变为负值，对油的运动起促进作用。

　　模拟及实验得到的水驱油过程的油水相对渗透率曲线如图 5-13 所示。随着模型由亲水向中间润湿性及亲油的转变，残余油饱和度出现了不合理的低值。文献[263]认为由于模型变为亲油后，油膜的连通性大大加强，使得水驱油的采收率出现了极大的提升。本书经过分析认为主要有以下三方面的原因：

　　（1）数学模型及驱替理论的影响：等效孔隙网络模型驱替理论只考虑了模型毛细管力的影响，当模型由亲水转变为亲油时，毛细管力由阻碍油相运移变为促进油相运移，而数学模型中又未曾考虑因润湿性转变造成的固体骨架表面对油相的吸附作用；同时实验中诸如贾敏效应等机制亦未予以考虑，是导致不合理高采收率的主要原因。

　　（2）初始含水饱和度的定义：不同的初始含水饱和度将影响相对渗透率曲线的形状，而在模拟中多采用实验测得的某个值，而该值仅在某特定润湿性条件下是合理的；若润湿性发生改变，其初始含水饱和度亦将发生变化。

　　（3）模型结构的影响：等效孔隙网络模型在实质上放大了岩心的内部连通性。

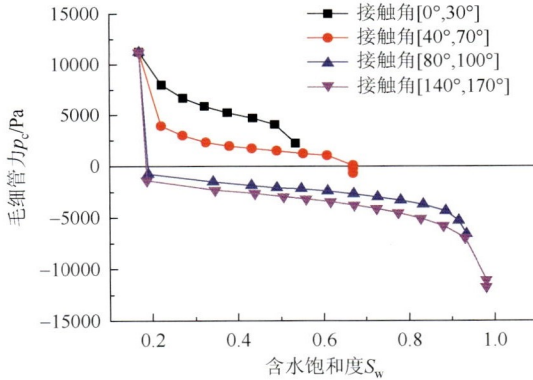

图 5-12　模型 MS1 在不同润湿性条件下水驱油过程毛细管力曲线

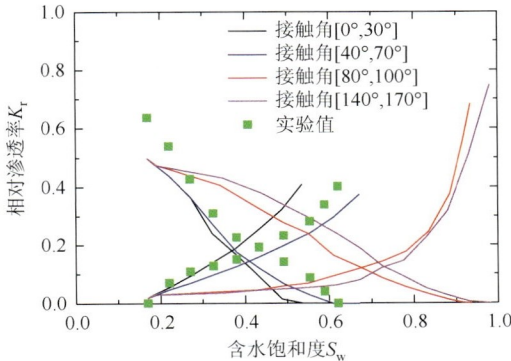

图 5-13　模型 MS1 在不同润湿性条件下相对渗透率曲线及与实验测试值对比曲线

5.4　本章小结

　　由于国内现有条件下三维微尺度渗流模型的实验研究难以开展，为了获取可靠的基础数据作为衡量本书建模方法有效性的参考，本章详细介绍了英国帝国理工大学开发的基于最大球法的孔隙网络模型重建方法以及油水两相驱替的模拟程序。利用 Amira 软件中的距离排序同伦细化算法优化了模型重建过程中孔隙与喉道的分割过程，有效改善了原算法易造成不合理高配位数的缺陷。基于岩心三维等效孔隙网络模型，预测了模型的绝对渗透率及油水驱替过程，预测结果与实验结果的较好吻合验证了改进模型的可靠性。结合该软件开发了相应的数据接口，实现了驱替过程含水饱和度点云图的绘制，预测了不同润湿性条件下岩样的毛管力曲线及相对渗透率曲线。

　　通过研究发现，等效孔隙网络模型是有效评价微尺度岩心孔隙结构参数及进行渗流特性预测的建模方法之一。该算法计算时间短，参数化的模型可以得到岩心孔径分布、孔隙配位数分布及孔喉形状因子等一系列参数，有效预测了绝对渗透率及毛管力曲线，可用于较为均质岩心样品孔渗参数的快速预测。但该模型也存在一些不足：

　　（1）由于采用几何近似的方法，无法真实再现天然岩石的孔喉形状，模型孔径分布曲线与原始图像差异较大。

　　（2）由于模型及数学控制方程的限制，模型水驱油过程在混合润湿性及亲油性模型中出现了不合理的高采收率。此外，该模型只能进行流体单场计算，无法开展多物理场的耦合运算。

第6章　基于非结构化网格模型的水驱油过程及流-固耦合机理研究

本书第 5 章详细介绍了现阶段常用的基于等效孔隙网络模型与泊肃叶定律的孔隙流体求解方法，但是该模型在表征岩石复杂孔隙形状方面具有很大的局限性，且无法进行多物理场耦合运算。前文曾提到现阶段多物理场耦合研究多是基于大型商业有限元计算软件，这就面临着如何将岩心三维 CT 图像转换为数值软件可以识别的网格数据的难题。第 4 章提出了一种基于图像轮廓线提取的网格划分建模方法，但岩石三维图像的孔隙结构更为复杂，其多段线几何模型文件所需的磁盘空间更大（一个包含 400^3 个像素的图像，其多段线几何模型文件需要 1GB 以上的存储空间），对这样的复杂几何体进行网格划分显然是无法实现的。鉴于此，本章利用 Mimics 医学重构软件和 ICEM 网格划分软件，提出了一种将岩心三维 CT 图像转换为非结构化网格数据的建模方法，并基于该模型和 Fluent 软件模拟了单相及油水两相的驱替过程，采用 ANSYS 和 CFX 软件模拟了应力作用下岩石的变形机理及单相流体渗流规律。

6.1　微尺度岩心三维非结构化网格模型建模

本章选用编号为 B1、S1、S2-1～3、S3、S4、C2 的岩心样品以及多孔硅 SS 的三维 CT 图像作为研究对象，按照 2.3 节的图像前处理方法实现降噪及图像二值化。将图像文件导入 Mimics 软件，重建得到的部分三维模型如图 6-1（左）所示，图中黄色部分为岩石骨架，绿色部分为孔隙。此时的模型只是图像表面的简单造型，无法直接应用于数值计算。在传统数值计算流程中，一般需要先获取图像的多段线几何模型，随后实施网格划分。但几何模型需要很大的磁盘存储空间，且现有算法无法网格划分的有效实现。鉴于此，本书提出了以下建模流程：

（1）采用岩心三维 CT 图像的表面网格造型代替传统的几何造型：在模型表面生成一系列的三角形面网格，固体骨架与孔隙的表面网格作为装配体同时生成，以保证经过收缩-膨胀算法的作用后液固耦合界面仍能完全吻合。

（2）将生成的面网格导入 ICEM 软件，表面网格向内生长生成体网格。为了提高生成体网格的成功率，在体网格划分过程中采用了收缩-膨胀算法，剔除/填充了模型中的尖锐凸起/狭缝。数值计算软件对模型的网格质量有着严格的要求，以 Fluent 为例，软件要求模型网格的最大偏斜度不超过 0.95。因此，在面网格与体网格的生成过程须严格控制网格质量，这一步骤主要通过将质量较差的大网格分割为数个质量较好的小网格来实现。生成的部分岩心孔隙的非结构化网格模型见图 6-1（右）。

a) 岩样 B1 图像及其非结构化孔隙网格模型

b) 岩样 S2-2 图像及其非结构化孔隙网格模型

c) 岩样 C2 图像及其非结构化孔隙网格模型

d) 合成硅SS图像及其非结构化孔隙网格模型

图 6-1　原始三维 CT 图像及其非结构化孔隙网格模型

（3）模型孔隙度计算：由于网格生成过程中收缩与膨胀算法的使用使最终得到的非结构化网格模型与原始图像有所出入，网格模型的孔隙度由式（6-1）计算：

$$\phi_{ns} = V_p \Big/ V_t = V_p \Big/ l^3 \qquad (6-1)$$

其中，V_p 为孔隙模型体积，可将模型文件导入 ICEM 软件经统计计算得到，V_t 为孔隙与骨架总体积，l 为模型边长。

6.2　单相及油水两相渗流机理研究

本节以 B1、S1、S2-1、S2-2、C2 及 SS 的网格模型作为研究对象，基于 Fluent 软件开展数值模拟研究，模型网格的偏斜度如图 6-2 所示。从该分布图中可以看出，生成的模型网格质量在软件可接受的范围之内，即最大偏斜度不超过 0.95。

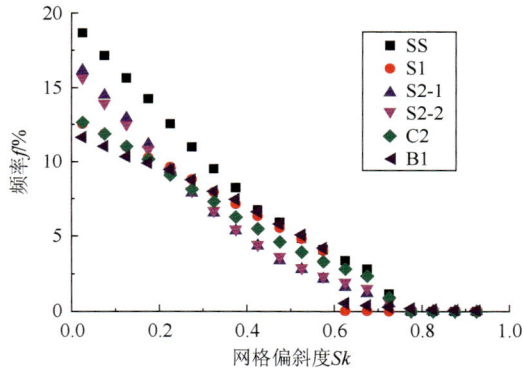

图 6-2　非结构化孔隙网格模型偏斜度分布图

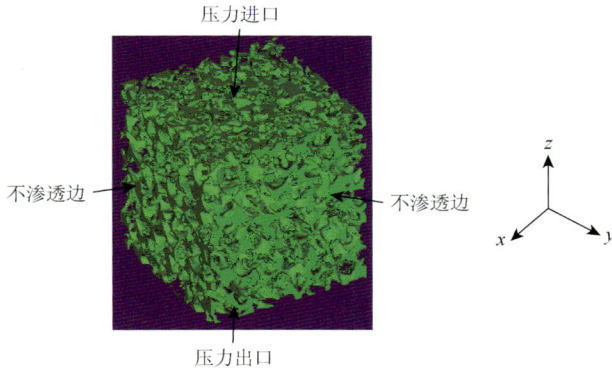

图 6-3　模型边界条件示意图

在数值模拟研究中，设置模型为进出口压力边界条件，以进出口 z 向分布为例（图 6-3），模型上下底面分别设置为压力进出口边界，其他四个面设置为不渗透边界。假定流体为层流，采用 SIMPLEC 压力修正项，设置 1E-5 的绝对收敛条件，采用默认的松弛因子。本章模拟未考虑温度的变化，模拟条件为恒温 273K。

6.2.1　单相流模拟及渗透率预测

在单相数值模拟计算收敛后，可获得出口的流量数据，结合公式（3-17）计算出模型的渗透率。通过改变施加的压力梯度方向，得到模型沿 x、y、z 三个方向的渗透率数据。非结构网格模型的渗透数据与实验数据的对比见表 6-1，其中 k_z 代表模型沿 z 向的渗透率。模型的渗透率预测结果与实验数据存在一定的差异，但考虑到实验数据为原始大岩心的渗透率，该偏差是可以接受的。图 6-4 所示为不同模型在 z 轴方向压力梯度的作用下出口流量的变化曲线，从曲线中可以看出，各模型的非达西特征并不明显。这是由于本章构建的各模型的主要流通孔道半径均大于 50μm，模型的这种特点与早期三维图像的选取紧密相关，但最终由该建模方法的本质特点所决定。此外，模型 S1、S2-1、C2 及 SS 的速度场与压力场云图如图 6-5 所示，从中可以看出孔隙流体压力场的不均匀分布以及流体流经的重要通道。

表 6-1　模型渗透率数据与实验数据

编号	模型边长/mm	网格数量	模型孔隙度	k_x/D	k_y/D	k_z/D	k_z/D（实验）
B1	2.14	136839	12.13%	2.05	1.93	1.24	1.10
S1	1.982	230207	17.42%	8.16	7.73	2.29	
S2-1	1.540	222188	19.35%	13.30	15.66	14.69	8.73
S2-2	1.540	376709	18.33%	16.37	14.94	13.50	
C2	1.326	475368	11.23%	7.36	4.25	5.24	3.35

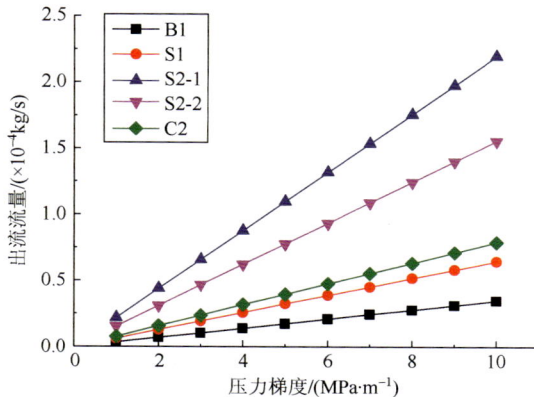

图 6-4　模型出口流量随沿 z 轴方向压力梯度的变化关系曲线

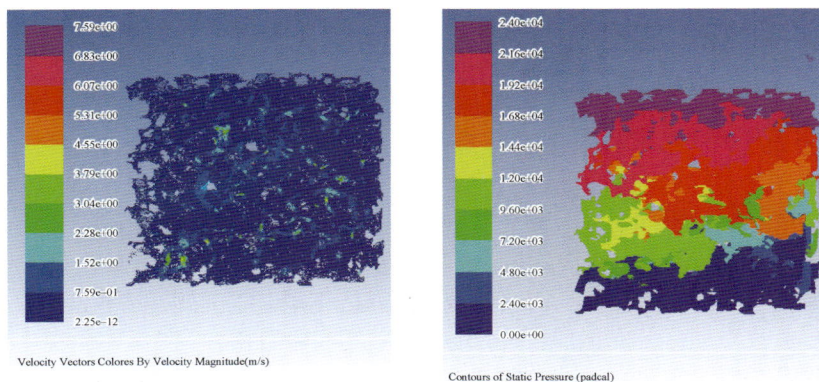

a) 岩样S1速度场云图（左图）和压力场云图（右图）

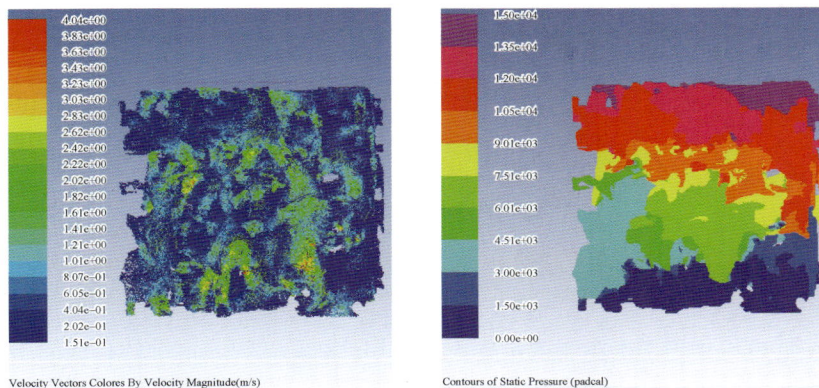

b) 岩样S2-1速度场云图（左图）和压力场云图（右图）

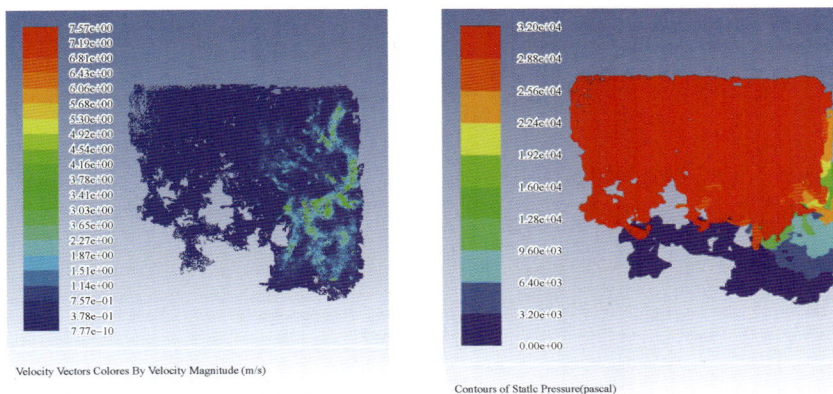

c) 岩样C2速度场云图（左图）和压力场云图（右图）

图 6-5　模型的速度场云图（左图）和压力场云图（右图）

6.2.2　油水两相渗流模拟

水驱油过程的数值模拟主要基于 Fluent 软件的 VOF 模型,模型初始为饱和油状态。由于岩样 S1、S2-1 及 S2-2 由同一大岩心上钻取,此处以三种模型作为研究对象。模型上下表面施加 5MPa/m 的压力梯度,其余各表面设置为不渗透边界。模拟过程中所采用的油水物性参数、接触角及表面张力系数见表 6-2。其中,通过对模型 S1、S2-1、S2-2 设置不同的油水接触角以模拟不同润湿性的岩样。

表 6-2　油水物性参数

流体	密度 $\rho/(kg/m^3)$	黏度 μ/cP	表面张力 $\sigma/(N/m^2)$	接触角 θ_w		
				S1	S2-1	S2-2
油	890	48	0.048	45°	90°	150°
水	1000	1				

模型 S1 水驱油过程中不同时间步的模型含水饱和度云图见图 6-6,从图中可以看出微观水驱油过程的流动特点:

(1)水驱油过程中的指进现象:水沿阻力最小的流动通道深入到饱和油的孔隙。在微观模型中表现为注入水沿某几条主要孔喉链率先突破至出口处;在油田开发规模层面表现为注入水沿注水井进入流动阻力最小的通道到达采油井。

(2)油水流通通道:水驱油过程中,油相的流动往往是连续的,极少出现小段油和小段水交替出现在同一孔隙的情况。造成这种现象的原因是油相流动的动力源于注入水的驱动,为了减小流动阻力,油相和水相分别沿各自的流通通道流动。

同时,从中可以得到微观水驱油过程残余油的形成与分布特点:

(1)注入水未波及的区域:即微观水驱油过程中由于注入水未波及而滞留于模型边角处的残余油。

(2)指进现象造成的残余油:即由于水驱油过程中指进现象的存在,注入水沿流动阻力小的通道率先突破,当两条突进水通道合拢,两水道间的油相滞留形成残余油,多出现在被流场大孔道所包围的小孔喉群中。该类型占总残余油量的比重很大,是油田开发过程注入流体窜流、水淹的微观体现,其本质原因在于储层孔隙结构的非均质性。

(3)卡断形成的残余油:主要有两种形式,一种是并联孔喉链的细喉道内,当水初始到达喉道链一端后,将优先沿阻力较小的粗喉道前进,细喉道中的水流动缓慢甚至停滞;当水到达孔喉链末端时,细喉道中的油被卡断而成为残余油;另一种形式存在于 H 形孔道内,注入水沿细喉道两端的孔喉链流动,由于细喉道内毛细管力较大使水无法进入,油流在喉道两端的孔隙处被卡断成为残余油。卡断形成的残余油主要分布在细长的喉道中。

（4）死角或盲端的残余油：指被水扫过后密封于死角或孔隙盲端的残余油，且盲端越深越不利于其中油相的驱替。

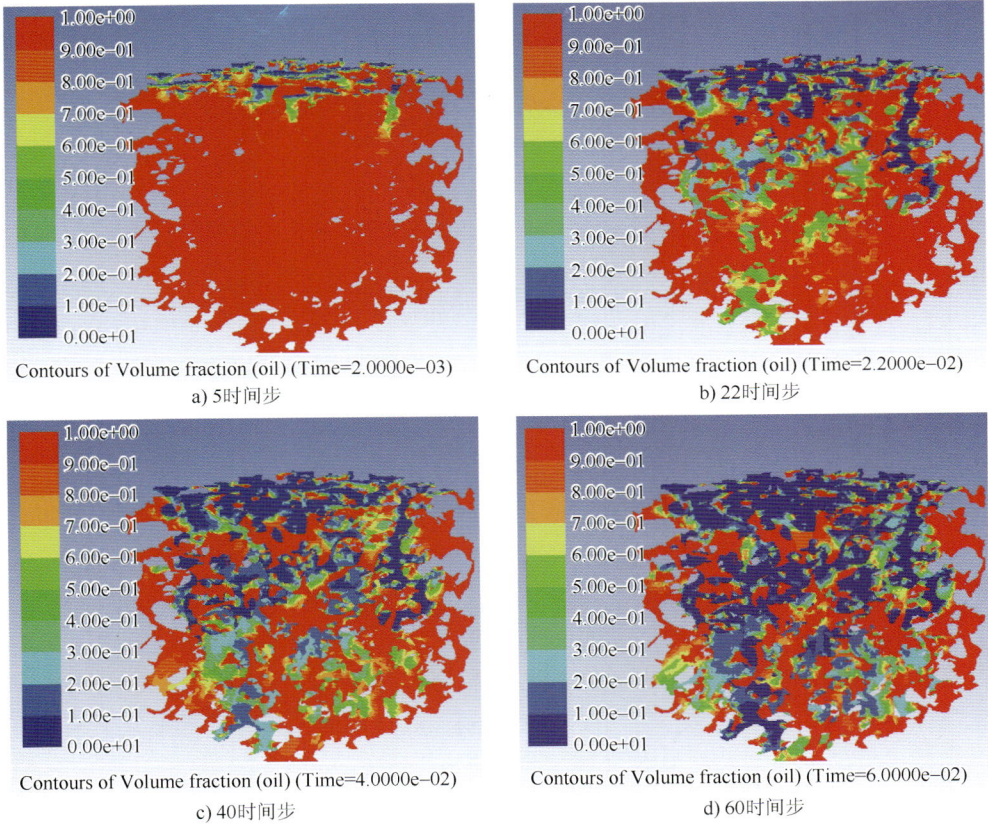

a) 5时间步

Contours of Volume fraction (oil) (Time=2.0000e−03)

b) 22时间步

Contours of Volume fraction (oil) (Time=2.2000e−02)

c) 40时间步

Contours of Volume fraction (oil) (Time=4.0000e−02)

d) 60时间步

Contours of Volume fraction (oil) (Time=6.0000e−02)

图 6-6　模型 S1 不同时间步的含油饱和度云图

通过提取每个时间步模型的含油饱和度及各相流体的出口流量，利用公式（3-18）和式（3-19）绘制了重建模型微观水驱油过程的两相渗透率曲线，如图 6-7 所示。其中，模型 S1、S2-2 及 S2-1 分别对应水湿性、混合润湿性和油湿性岩样，从曲线中可以看出，随着模型的润湿性由强亲水向强亲油转变，油相与水相的曲线交点逐渐向右侧偏移。当模型为亲水性时，交叉点处含水饱和度小于 0.5；当模型为亲油性时，交叉点处含水饱和度大于 0.5。原始岩样为混合润湿型，模型 S2-2 的相对渗透率曲线与原始岩心室内驱替结果 S0 较好吻合，验证了微观水驱油数值模拟结果的合理性。

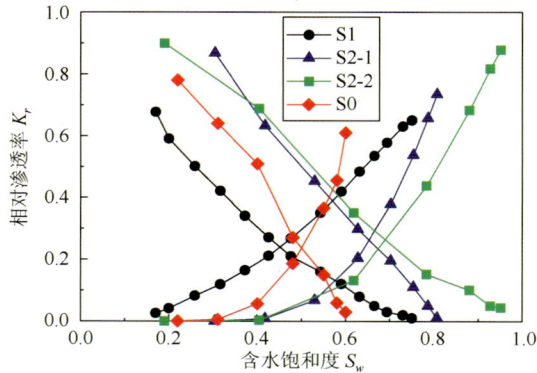

图 6-7　模型 S1、S2-1、S2-2 与原始岩心室内实验测得的相对渗透率曲线

6.3　单相流-固耦合数值模拟研究

单相流-固耦合数值模拟研究以模型 S3、S3-1、S3-2 及 S3-3 为研究对象，是同一岩心样品不同部位的微观 CT 扫描图像。

6.3.1　模型相关参数

数值模拟研究中所采用的岩石弹性模量及泊松比由原始岩心三轴压缩实验获得，弹性模量由岩石三轴压缩应力应变实验曲线确定（见图 6-8a），岩石的泊松比为 0.341。其中，样品 S3-2 的原始三维图像、三维孔隙网格模型及三维岩石骨架网格模型见图 6-8b）～6-8d）。四种岩心样品的岩石骨架模型及孔隙模型的网格质量见图 6-9，从中可以看出，模型的网格质量达到了数值模拟软件的最低要求。四种网格模型的分辨率及网格数量等参数如表 6-3 所示。

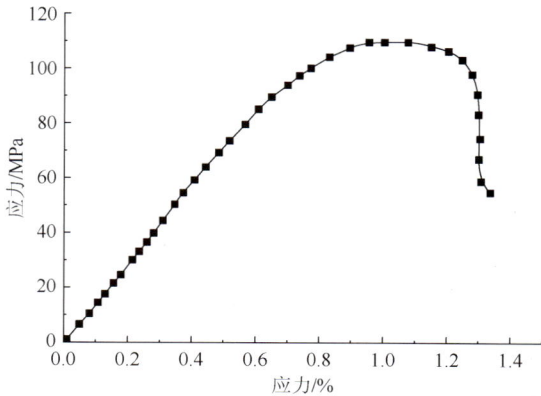

a) 模型原始岩芯应力-应变曲线

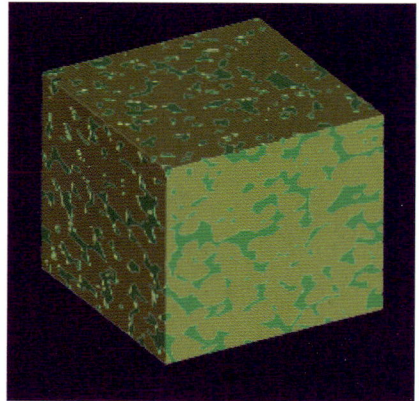

b) S3-2的三维CT图像

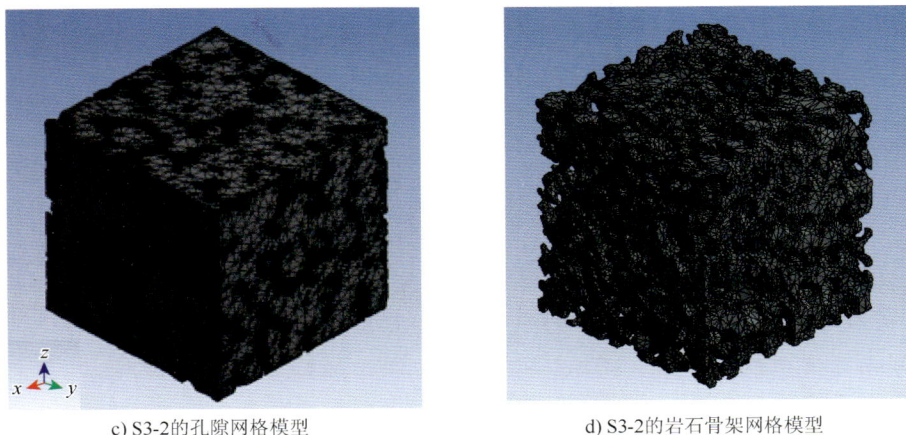

c) S3-2的孔隙网格模型　　　　　　　　　　d) S3-2的岩石骨架网格模型

图 6-8　岩样的实验应力应变曲线及模型 S3-2 的原始图像及网格模型

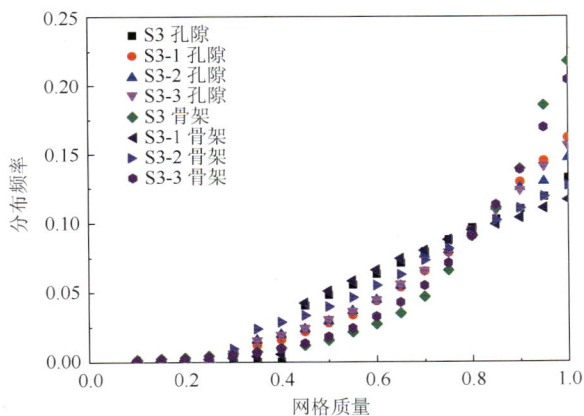

图 6-9　模型网格质量曲线

表 6-3　网格模型相关参数表

编号	分辨率/μm	尺寸/像素	网格模型单元数目		孔隙度 ϕ
			骨架	孔隙	—
原始岩样	—	—	—	—	15.34%
S3-1	5.133	300×300×300	289757	222188	23.83%
S3-2	5.133	300×300×300	546717	365739	21.35%
S3-3	5.133	300×300×300	279167	376709	19.62%
S3	3.845	400×400×400	1336224	230207	25.03%

6.3.2　流-固耦合数值模拟

本节基于 ANSYS 和 CFX 软件开展单相流-固耦合数值模拟研究,固体变形过程的求解在 ANSYS 中进行,流体场的求解在 CFX 软件中进行。以 ANSYS Workbench 平台为基础,分别施加岩石骨架与流体流场的边界条件。具体为:岩石骨架四个侧面施加围压,流体场上下表面施加进出口压力,流体与固体骨架交界面定义为流-固耦合界面,见图 6-10。

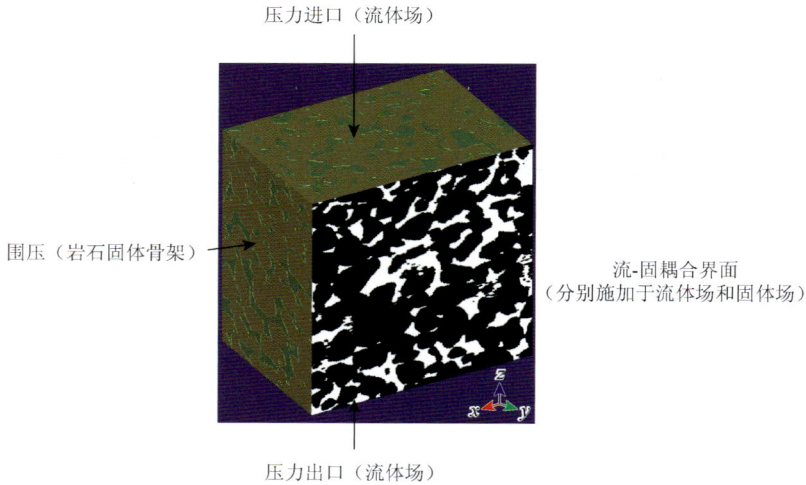

图 6-10　模型边界条件示意图

如前文所述,传统微观渗流研究一般没有考虑孔压及围压变化对孔隙形状和渗流效果的影响。因此本节首先假定模型的围压为 0MPa,孔隙压力为 2MPa,该工况下 S3-2 模型流体场压力云图及速度云图如图 6-11a) 和 6-11b) 所示,岩石骨架的变形云图见图 6-11c)。从图中可以看出,在孔压的作用下,孔隙向外膨胀,变形量较大的地方发生在岩石骨架较薄弱处。此时,出口流体流速与未考虑孔压时的流速对比曲线见图 6-12。从曲线中可以看出,孔压作用下模型的狭窄喉道向外扩张,对模型渗流流量的提升作用明显。相反地,仅考虑围压条件下岩石骨架的向内收缩时(图 6-11d)),引起了孔喉尺寸的减小,最终导致模型渗流性能下降。

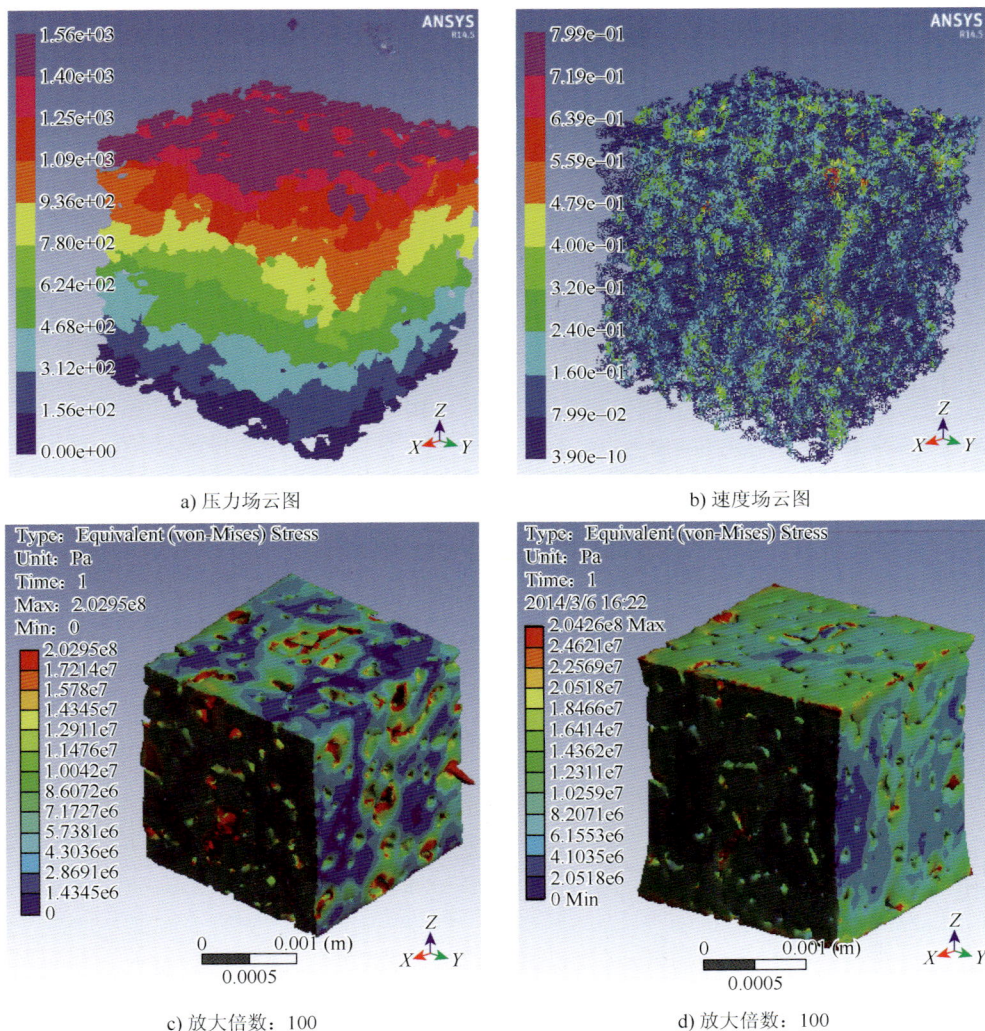

a) 压力场云图

b) 速度场云图

c) 放大倍数：100

d) 放大倍数：100

图 6-11　模型 S3-2 流体压力场、速度场云图（$p_i = 1538$Pa，$p_o = 0$Pa）及单独考虑孔压及围压条件下岩石骨架变形云图

　　本书的研究中只涉及了岩石弹性变形阶段的模型渗透率变化。图 6-13 所示为孔隙压力一定时（$p_p = 2$MPa），模型渗透率随围压的变化关系曲线。从图中可以看出，随着围压的增大（相当于有效应力增大），模型渗透率逐渐降低，且下降的幅度随围压的增大逐渐减小。数值模拟研究的趋势与实验结果 S0 较好吻合，由于模型仅为原始岩样的一小部分，数值模拟结果与实验结果之间在数值上的偏差是可以接受的。

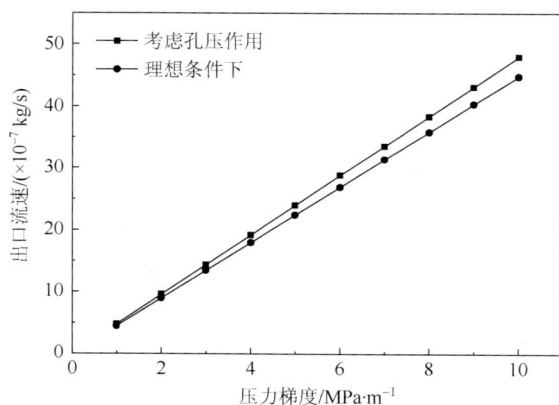

图 6-12　考虑孔压及未考虑孔压条件下模型 S3-2 出口流速随压力梯度变化曲线

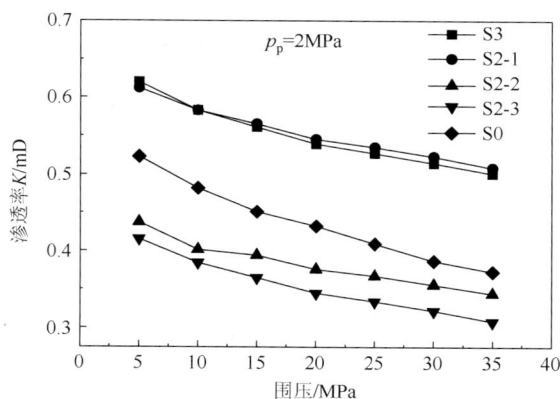

图 6-13　孔隙压力一定条件下渗透率随围压的变化关系曲线

在围压一定的条件下，模型渗透率随孔隙压力的变化关系曲线如图 6-14 所示。从图中可以看出，随着孔隙压力的增大（相当于有效应力增大），模型的渗透率随之增大，且下降的幅度随着孔隙压力的增大逐渐减小，这与室内实验 S0 的变化趋势一致。可见，当围压一定时，随着孔隙压力的增大，孔隙壁面发生变形并向外扩张，增大了流体的渗流通道，提升了模型的渗流能力。对比数值模拟曲线与室内实验曲线可以发现，数值模拟研究的曲线变化幅度小于室内实验结果，这主要是由于原始岩心样品属于泥质砂岩，其孔隙壁面处含有黏土等易压缩矿物质，随着孔隙压力的增大，黏土等收到挤压出现较大变形，增大了流体的渗流通道尺寸。而非结构化网格模型未考虑模型孔隙内部黏土矿物的影响，有一定的局限性。

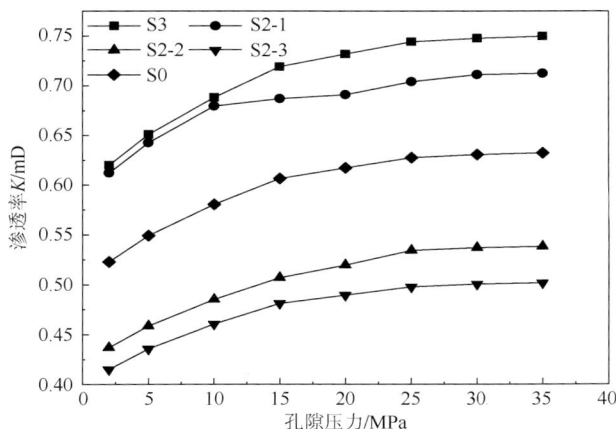

图 6-14 围压一定的条件下模型渗透率随孔隙压力的变化关系曲线

6.4 本 章 小 结

针对等效孔隙网络模型拓扑结构与真实岩心差异较大、水驱油结果不合理的缺陷，本章结合岩心微观 CT 图像提出了利用 Mimics 和 ICEM 软件进行网格划分的非结构化网格模型构建方法，进行水驱油及单相流-固耦合的机理研究。研究表明：

（1）基于 Mimics 和 ICEM 软件，提出了将岩石骨架和孔隙作为装配体的非结构化网格模型构建方法，该模型较好再现了岩样原始微观 CT 图像所呈现的复杂结构特征，网格质量满足了有限元软件的最低要求，保证了岩石骨架与流体场耦合边界区域网格的完美装配。

（2）实现了三维微观渗流数值模拟研究，预测了模型不同方向上的渗透率数据，数值模拟结果与原始实验结果的较好吻合验证了建模方法的可靠性。开展了微观水驱油的数值模拟，再现了水驱油过程中的油水驱替规律及残余油的分布规律，根据数值模拟结果绘制了油水相对渗透率曲线，曲线在混合润湿区与实验结果较好吻合。

（3）实现了单相流-固耦合的数值模拟研究，分析了应力作用下模型孔隙结构的动态演化规律，研究了模型渗透率随围压、孔隙压力的变化特征，并与实验结果进行了对比验证。

研究表明，非结构化孔隙网格模型可用于岩样孔渗参数、多相渗流规律和应力敏感性的研究。且较之于传统岩心室内实验，微观渗流数值资金投入少，运行周期短，较好再现了孔隙内部的复杂结构特征，实时监测出流体流动及岩石骨架在应力作用下的变形过程，清晰给出了残余油的分布特征。

　　但非结构化网格模型仍存在一定的不足：重建得到的模型存在质量较差的网格单元，膨胀/收缩算法使得模型较原始尺寸存在差异，剔除模型中尖角及窄缝的做法改变了模型原始结构的复杂程度，模拟过程无法考虑岩石塑性变形及黏土等矿物质的影响。

第7章 岩心微尺度结构化网格模型重建方法及与其他重建模型的对比分析

第 6 章介绍了基于 Mimics 和 ICEM 软件的非结构化网格模型建模方法,在实际应用过程中,发现该模型存在无法完美再现孔隙复杂结构特征、网格质量差的缺点。基于此,本章以砂岩岩样 S4、S5、S6、MS1 及 MS2 为研究对象,提出了基于岩心三维 CT 图像的结构化网格模型建模方法。以岩样 B1,C1,F1 和 MS1 为基础,对比了等效孔隙网络模型、非结构化网格模型、结构化网各模型在孔隙拓扑结构表征、网格质量、模拟精度、计算耗时等方面的性能表现。

7.1 结构化网格建模流程

结构化网格模型构建的基本思想是以有限元/有限体积法计算中的体单元(element)表示图像中的像素体,其主要的构建流程如下:

(1)减少原始图像像素数目:用于模型重建的三维图像像素数分别有 400^3、3000^3 及 200^3 个,为了减少后续建模过程的网格数目,本章采用减小图像分辨率的方法,将沿 $x/y/z$ 方向上的 n 个相邻像素合并为一个像素,此时三维图像的像素数目减少至原始图像的 $1/n^3$。图 7-1 所示为将一包含 400^2 像素的二维图像转换为 200^2 像素的对比图,从图中可以看出图像在拓扑结构上相差无几。为了进一步研究图像像素的减少对图像原始结构特征的影响,本节选取砂岩岩样 S4、S5、S6、MS1 及 MS2 作为研究对象,对比分析了不同缩放因子 f($f = 1/n$)对模型孔隙度的影响,如图 7-2 所示。从孔隙度分布图上可以看出,图像的分辨率降低对模型的孔隙度影响不大,这主要是由于在缩放过程中被忽略与新增的孔隙体积大致持平。

众所周知,图像分辨率的降低将直接导致图像边缘的光滑度降低甚至出现马赛克效应,并最终导致孔隙、岩石骨架形状的改变。为了验证不同缩放因子对模型拓扑结构的影响,本书提出了拓扑结构误差的概念:分割后图像中每个像素的灰度值非"0"即"1",将降低分辨率后的图像与原始图像对比,若两图在相同位置上的图像灰度值发生改变,即说明该位置上孔隙或骨架的拓扑结

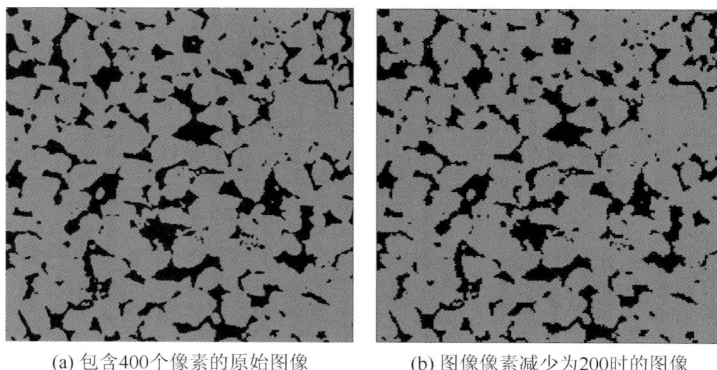

(a) 包含400个像素的原始图像　　　　　　(b) 图像像素减少为200时的图像

图 7-1　　降低图像分辨对图像的影响

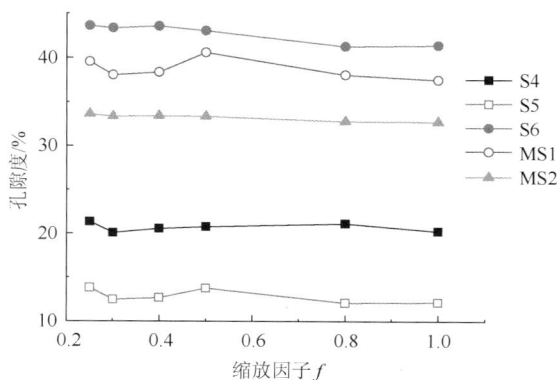

图 7-2　　模型孔隙度随缩放因子的变化曲线

构特征发生错动。由于降低分辨率后图像所包含的总像素数目小于原始图像，因此该图像在二值化后重新扩大至原始图像所包含的像素数目。例如，当 $f = 0.5$ 时，意味着将空间内连续的 2^3 个像素合并为一个，该过程降低了图像的分辨率；若其中有 ≥4 个像素属于孔隙（骨架），则合并后的像素为孔隙（骨架）；将得到的图像二值化分割，扩大分辨率为原来的 2 倍，即将其空间中的一个像素分裂为 2^3 个像素，进行与原始图像的对比。图像中孔隙拓扑结构误差被定义为式（7-1）的形式：

$$T_{\mathrm{d}} = \frac{N_{\mathrm{s}}}{N_{\mathrm{t}}} \tag{7-1}$$

其中，N_{s} 为降低分辨率后的图像与原始图像相比发生错动的像素数目，N_{t} 为图像总的像素数目。

由此得到岩样 S4、S5、S6、MS1 及 MS2 的孔隙拓扑结构误差随缩放因子的变化曲线，如图 7-3 所示。从图中可以看出，当图像的缩放因子小于 0.5 后，图像拓扑结构误差急剧升高；以 $f = 0.25$ 为例，当缩放后的图像像素数目少于 100^3 时，图像边缘出现明显的马赛克效应，且拓扑结构误差最高可达 12%。拓扑结构误差值的大小取决于原图像中的小孔数目及图像的光滑性，图像降噪及二值化分割过程中分割阈值的选取对孔隙拓扑结构特征的影响远大于分辨率缩放过程的影响。需要指出的是，当开展数值计算的计算机性能较高时，可以不经缩放而保持原始模型的固有形态。本书的数值模拟研究基于普通个人电脑完成，结合图 7-3，对岩样 S6 取 0.8 的缩放因子，其余均取为 0.5。

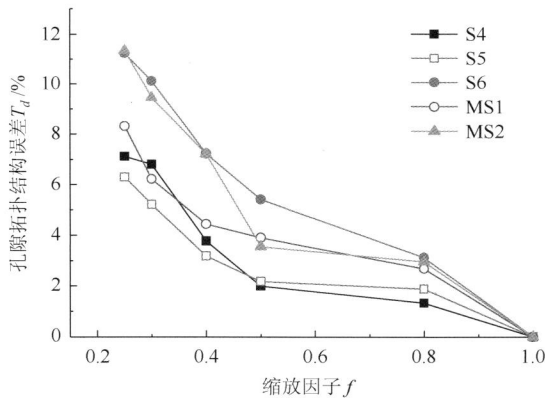

图 7-3　孔隙拓扑结构误差随缩放因子的变化关系曲线

（2）初始有限元模型构建：构建与缩放后图像所含像素数目相同的结构化有限元单元。以含 100^3 个像素的图像为例，构建含 100^3 个结构化单元体（element）和 101^3 个节点（node）的网格模型，每个单元体尺寸与图像单个像素尺寸相同。网格模型以数据文件（记为文件 a）的形式（.dat）保存，导入 MATLAB 软件并以矩阵的形式存储，其格式见图 7-4。

*节点编号	x坐标	y坐标	x坐标	
…	…	…	…	
*单元编号	第1个节点编号	第2个节点编号	第3个节点编号	第4个节点编号
…	…	…	…	…

图 7-4　网格数据文件示意图

（3）图像二值化与数字化：采用 2.4.1 节所述的方法将图像转换为只包含"0"和"1"的数据文件。

（4）岩石孔隙/骨架结构化网格单元重建：在第（2）步中构建了包含岩样孔隙及骨架的网格模型，此步骤将孔隙和骨架分离开来。将第（3）步得到的数据文件导入 MATLAB 并以矩阵的形式存储，查找孔隙（"1"）或骨架像素（"0"）在矩阵中的位置，搜索函数如式（7-2）所示。

提取文件 a 中相同位置的单元体编号，以及这些单元体所包含的节点数据，将得到的数据文件保存，得到分离后的孔隙/骨架结构化网格模型。

$$a(x) = \begin{cases} 0, \\ 1, \end{cases} \qquad\qquad (7\text{-}2)$$

当 $a(x) = 0$ 时，提取文件 a 中相同位置的单元体编号以及这些单元体所包含的节点数据即为岩样骨架模型；同样的，当 $a(x) = 1$ 时，得到相应的岩样孔隙网格模型。该模型文件以商用有限元软件 Abaqus 的.inp 文件格式存储。

（5）表面网格重建：在固体变形数值计算中，边界条件及受力可以直接施加于模型的单元节点上。但对于大多数商用流体数值计算软件，如 Fluent、CFX 等，多采用欧拉法进行流体场求解，其数值解法基于有限体积法，边界条件需要施加于与单元体相关联的面网格（surface mesh）上。此外，在流-固耦合计算中，耦合界面的选取也需要面网格单元。为此，需要将第（4）步得到的结构化网格模型表面附着一层面网格，具体判别准则如下：

如果某节点 N^i 符合式（7-3），则将其定义为流-固耦合界面并生成相应的表面网格：

$$N^i \in N^{\mathrm{p}} \text{且} N^i \in N^{\mathrm{s}} \qquad\qquad (7\text{-}3)$$

其中，N^{p} 为孔隙节点集合，N^{s} 为岩石骨架节点集合。该表面网格将分别赋与岩石孔隙及骨架模型。

如果某节点 N^i 符合式（7-4），则将其定义为孔隙模型壁面并生成相应的表面网格：

$$N^i \in N^{\mathrm{p}} \text{且} \{N^i_x = 0 \text{ or } l_{\max} \bigcup N^i_y = 0 \text{ or } l_{\max} \bigcup N^i_z = 0 \text{ or } l_{\max}\} \qquad (7\text{-}4)$$

其中，$l_{\max}$ 为网格模型的边长，将生成的表面网格分别沿 x、y、z 方向命名为 P1～P6，便于数值模拟边界条件的施加。

采用同样的方法查找得到岩石骨架壁面并生成相应的表面网格，如式（7-5）所示：

$$N^i \in N^{\mathrm{s}} \text{且} \{N^i_x = 0 \text{ or } l_{\max} \bigcup N^i_y = 0 \text{ or } l_{\max} \bigcup N^i_z = 0 \text{ or } l_{\max}\} \qquad (7\text{-}5)$$

模型原始图像及生成的结构化网格模型如图 7-5 所示。

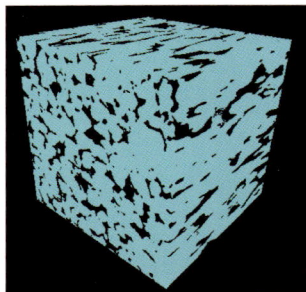

a) 岩样S4结构化网格模型示意图

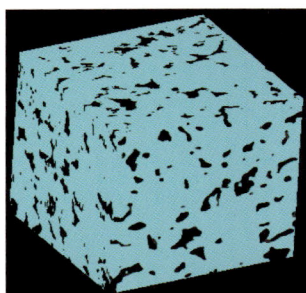

b) 岩样S5结构化网格模型示意图

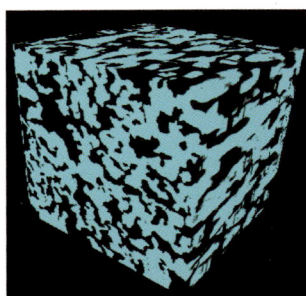

c) 岩样S6结构化网格模型示意图

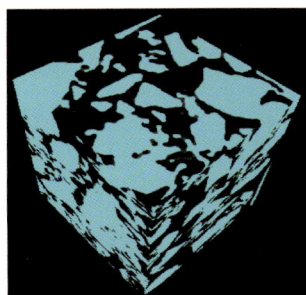

d) 岩样MS1结构化网格模型示意图

e) 岩样MS2结构化网格模型示意图

图 7-5　岩样的结构化网格模型示意图，从左至右依次为岩样原始图像，骨架模型与孔隙模型

　　以上过程基于 MATLAB 软件实现，生成的岩样骨架与孔隙结构化网格模型，若用于单场分析，则分别保存；若用于多场耦合分析，则需要以装配体的形式存储于同一文件内；对于需要模型几何结构的模拟软件，如 ANSYS Workbench 软件，本书的流-固耦合模拟均在该环境下施加边界条件，则需要将网格模型导入软件实现几何模型的初始化。岩样 S4、MS2 的装配体网格模型及其几何结构见图 7-6。

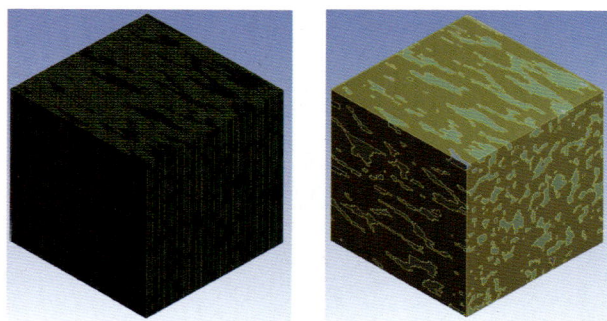

a) S4的装配体网格模型（左）及其几何结构（右）

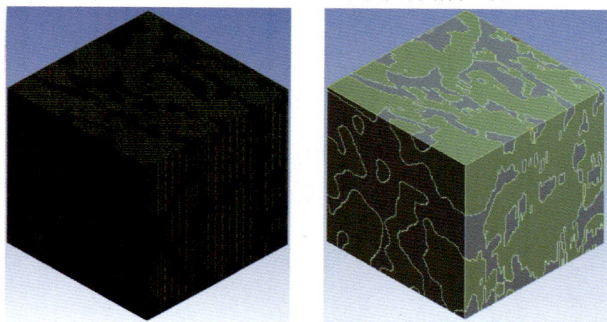

b) MS1的装配体网格模型（左）及其几何结构（右）

图 7-6　岩样 S4 与 MS2 的装配体网格模型及其几何结构

（6）微流边界层理论的应用：微流边界层理论的关键之处在于流体质点与固体壁面距离的求解，而结构化网格模型的建模方法可以很好地解决这一问题。本书 2.4.2 节提出了图像中孔隙像素与固体骨架壁面距离的计算算法，在结构化网格模型中，像素与网格在空间上是一一对应的，因此在建模过程中采用壁面距离算法将二值化的图像转换为图 7-7 所示的数据文件，文件中每个像素的灰度值代表该像素与固体壁面的最短距离（单位为像素）。在分辨率为 r（μm）的图像中，距离壁面 m 个像素的孔隙像素体所对应的单元体壁面距离为

$$l_d = (m - 0.5)r \tag{7-6}$$

在 Fluent 软件计算过程中，采用 C 语言编程以 UDF 的形式将微流边界层理论修正项导入，具体实现过程为：计算各单元体中心点坐标，利用壁面距离计算其修正后的黏度，将单元编号、中心坐标及其黏度放入集合 A 中，利用 UDF 中的 Cell 函数调用网格的中心点坐标，通过与集合 A 的比对返回该单元的流体黏度。

```
0 0 1 1 2 3 4 4 5 6 7 8 8 9 8 7 6 5 4 4 3 2 1 1 0 0
0 0 0 1 1 2 3 4 4 5 6 7 8 9 8 7 6 5 4 3 2 1 1 0 0 0
0 0 0 0 1 1 2 3 4 5 6 6 7 8 8 7 6 5 4 3 2 1 0 0 0 0
0 0 0 0 0 1 2 3 4 4 5 6 7 7 7 6 5 4 4 3 2 1 0 0 0 0
0 0 0 0 0 1 1 2 3 4 4 5 6 6 6 6 5 5 4 2 1 1 0 0 0 0
0 0 0 0 0 0 1 1 2 3 4 5 5 5 5 5 5 4 3 2 1 0 0 0 0 0
0 0 0 0 0 0 0 1 1 2 3 4 4 4 4 4 4 3 2 1 0 0 0 0 0 0
0 0 0 0 0 0 0 0 1 1 2 3 3 3 3 3 3 2 1 0 0 0 0 0 0 0
0 0 0 0 0 0 0 0 0 1 2 2 2 2 2 2 2 2 1 1 0 0 0 0 0 0
0 0 0 0 0 0 0 0 0 0 1 1 1 1 1 1 1 1 1 1 1 0 0 0 0 0
0 0 0 0 0 0 0 0 0 0 0 1 1 0 0 0 0 0 0 0 0 0 0 0 0 0
0 0 0 0 0 0 0 0 0 0 0 0 0 0 0 0 0 0 0 0 0 0 0 0 0 0
```

图 7-7　图像壁面距离数据文件示意图

（7）有效孔隙和孤立孔隙（固体颗粒）的处理：重建完成的模型中往往存在着孤立的孔隙体或固体颗粒（图 7-8），孤立孔隙是孔隙体与有效孔隙体之间存在的尺寸低于图像分辨率的连接通道，而孤立的固体颗粒多为原本与骨架部分相连接，在图像区域切割过程中被分割形成的孤立固体颗粒，分布在模型的各边界面处。在本书中认定孤立的孔隙不参与流体流动，考虑到油藏形成的漫长过程中，油相可以通过狭窄喉道运移至这些孔隙中，认为孤立孔隙呈饱和油状态；孤立的岩石颗粒在固体变形及流-固耦合分析中则被屏蔽掉。

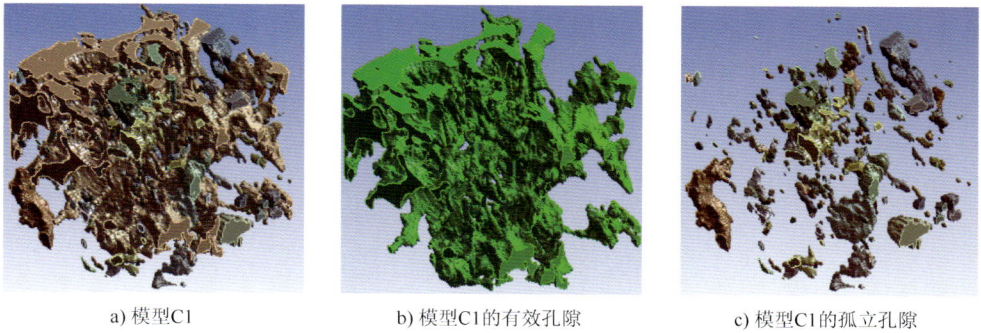

a) 模型C1　　　　　　　　　b) 模型C1的有效孔隙　　　　　　　　c) 模型C1的孤立孔隙

图 7-8　重建模型 C1 中的有效孔隙及孤立孔隙.

　　从重建得到的岩石微尺度几何模型中，可以清晰观察到不同岩样的孔隙结构特征，其中岩样 C1、S6 和 F1 三类岩石的有效孔隙和无效孔隙的几何形状及分布如图 7-9 所示。从中可以看出 C1 为碳酸盐岩，除连通的有效孔隙外还有大量的次生小孔隙（共计 305 个）；S6 为疏松砂岩，孔隙较大且连通性较好，较为均质（共计 91 个），只有少部分孤立孔隙存在；F1 为枫丹白露砂岩，孔隙尺寸较小且连通性好，周围存在部分孤立孔隙（共计 118 个）。

a) C1　　　　　　　　　　　b) S6　　　　　　　　　　　c) F1

图 7-9　不同岩石重建模型有效孔隙及无效孔隙示意图

7.2　等效孔隙网络模型、非结构化和结构化网格模型的对比分析

　　为了进一步分析对比本书提出的三种岩石孔隙尺度建模方案，本节以岩样 B1、C1、F1 和 MS1［岩性分别为贝雷砂岩、碳酸盐岩、枫丹白露砂岩和人造砂岩，孔隙度区间（0.1，0.4）］为研究对象，开展等效孔隙网络模型、非结构化和

结构化网格模型的对比分析。其中，岩样 B1 为贝雷砂岩[196]微 CT 图像，有基准绝对渗透率与油水驱替实验数据，S5、MS1 和 C1 由于实验条件限制仅有原始岩心样品的实验数据。

7.2.1　模型拓扑结构对比

1. 孔隙结构特征及网格质量

图 7-10 展示了岩样 B1、C1、F1 和 MS1 的原始图像、等效孔隙网络模型、非结构化网格模型及结构化网格模型。从图 7-10 中，可观察到不同类型模型拓扑结构的特点：

（1）孔隙网络模型很好地再现了原始岩心中孔隙中心位置、近似的孔隙形状与空间连结性，但其规则的孔隙体与喉道显然无法代表天然岩心的复杂结构。

（2）孔隙非结构化网格模型在一定程度上反映了孔隙的原始结构特征，但在网格生成过程中删减了诸多细小孔隙以及狭小喉道所连结的孔喉链，使原来的小孔喉链合并为较大的孔隙，这种现象在含有较多小孔隙的岩样 B1 和 C1 中尤为突出。更重要的是，此类模型的网格质量很难保证，尤其在模型的狭窄连接处，可能导致数值模拟计算的不收敛。以图 7-11 所示的岩样 C1 非结构化网格模型为例，超过 Fluent 软件允许最大偏斜度 0.95 的网格占网格总数的 16%，必然导致软件的无法计算。

（3）孔隙结构化网格模型的基本构建思想是三维图像像素与有限元网格模型单元体间的一一对应，因此在计算机性能满足的条件下，结构化网格模型理论上可以完美再现原始岩心图像所包含的所有拓扑结构特征。

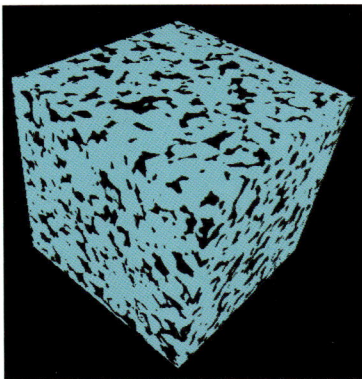

B1 原始图像　　　　　　　　　　B1 孔隙网络模型

B1 非结构化网格模型

B1 结构化网格模型 ($f = 0.5$)

a) B1 原始图像及三类模型对比图

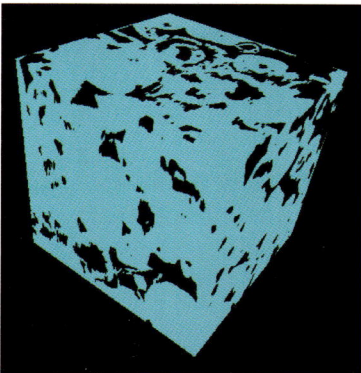

C1 原始图像

C1 孔隙网络模型

C1 非结构化网格模型

C1 结构化网格模型 ($f = 0.5$)

b) C1 原始图像及三类模型对比图

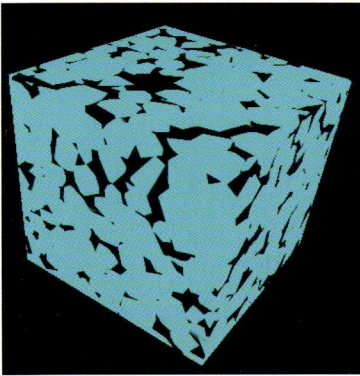

F1 原始图像

F1 孔隙网络模型

F1 非结构化网格模型

F1 结构化网格模型　（$f = 0.5$）

c) F1原始图像及三类模型对比图

MS1原始图像

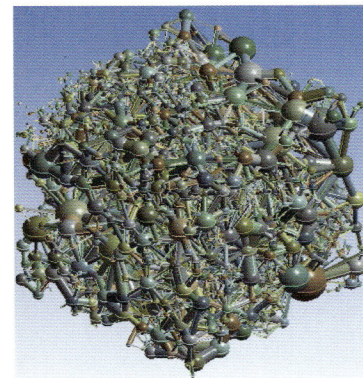

MS1孔隙网络模型

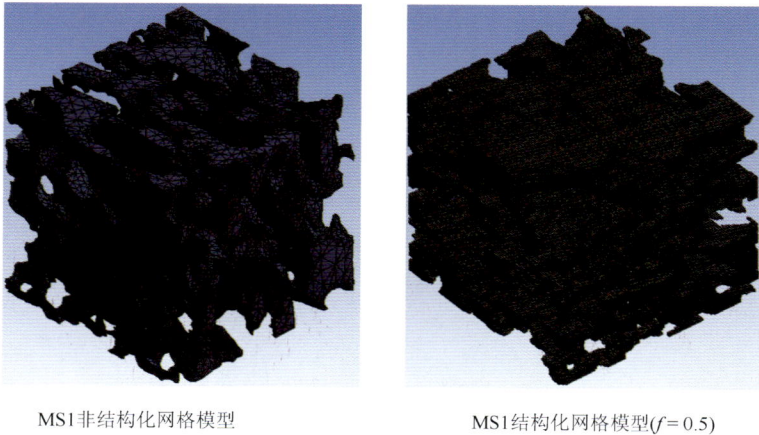

MS1非结构化网格模型　　　　　　　MS1结构化网格模型($f = 0.5$)

d) MS1原始图像及三类模型对比图

图 7-10　四种岩样孔隙模型对比图

在网格质量上，由于孔隙网络模型的数值模拟基于泊肃叶定律和准静态驱替理论开展，不存在网格质量的影响。但非结构和结构化网格模型基于 N-S 方程和有限体积法开展渗流模拟，网格质量是模拟能否开展及收敛精度的基础条件。结构化网格的质量无疑是最好的，虽然同一岩样结构化网格模型的网格数量往往高于非结构化网格模型（图 7-11），但收敛速度较快。由于计算机性能的限制，图 7-10 中所示的结构化网格模型采用的缩放因子 f 为 0.5，结构化网格模型在拓扑结构和网格质量上是最优的，但相应的网格数目较多。

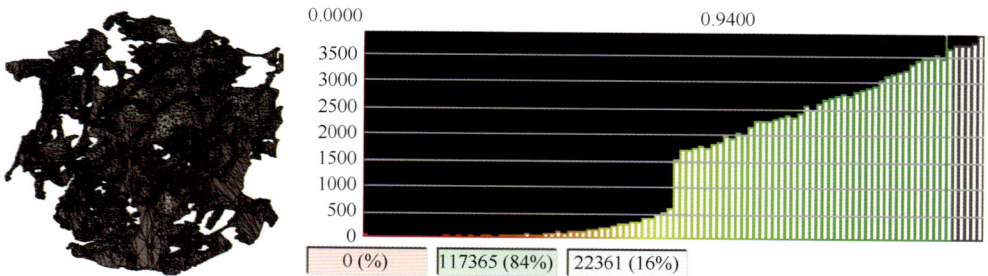

图 7-11　岩样 C1 非结构化网格模型网格偏斜度统计

2. 孔隙度及孔径分布

不同岩样在不同孔隙尺度模型下的孔隙度数据如表 7-1 所示。从表中可以看出，等效孔隙网络模型与非结构化网格模型的真实孔隙度较原始图像偏小，且变化幅度较大。等效孔隙网络模型由于采用了几何近似，且为了拟合毛管力实验曲线，孔喉的尺寸被缩小，造成了重建模型孔隙度远低于原始图像，普遍均为原始图像的 15%～20%。结构化网格模型的孔隙度随缩放因子变化不大。

表 7-1　岩样不同类型模型孔隙度数据

项目	孔隙度			
	B1	C1	F1	MS1
原始图像	19.65%	17.12%	13.71%	35.98%
等效孔隙网络模型	3.06%	3.78%	2.70%	6.68%
非结构化网格模型	12.13%	11.25%	10.43%	28.49%
结构化网格模型 $f = 0.5$	19.12%	17.53%	13.42%	35.03%

　　各岩样的等效孔隙网络模型与结构化网格模型的孔径分布曲线如图 7-12 所示（非结构化网格模型未列入其中）。等效孔隙网络模型基于真实的模型参数，结构化网格模型则是基于第 2 章提出的孔隙图像壁面距离的孔径分布计算方法。从曲线中可以看出，两类模型的主要孔径分布区间大致相当，但最大与最小值存在差异。等效孔隙网络模型中由于孔径缩小的原因，其最小值可达图像分辨率的 0.1倍，而结构化网格模型中孔径最小值为单个像素尺寸，其最大值为模型距离壁面的最大距离。

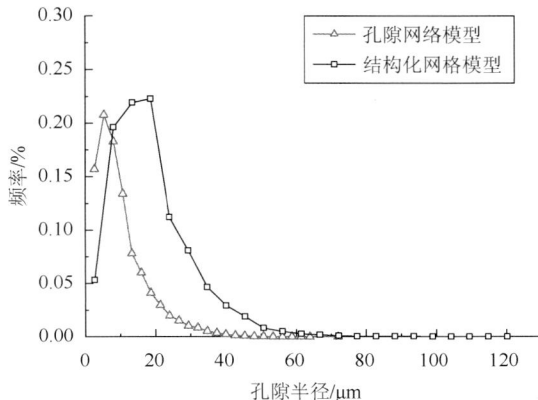

a) B1孔径分布曲线

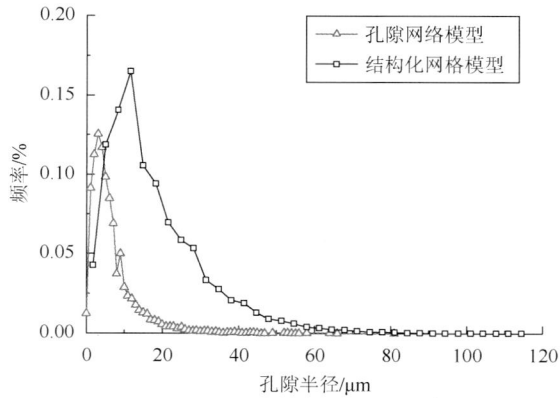

b) C1孔径分布曲线

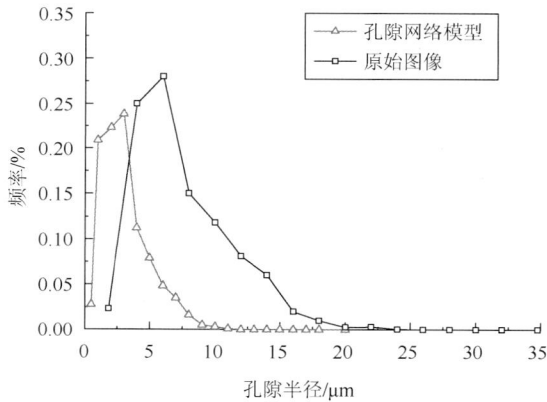

c) F1孔径分布曲线

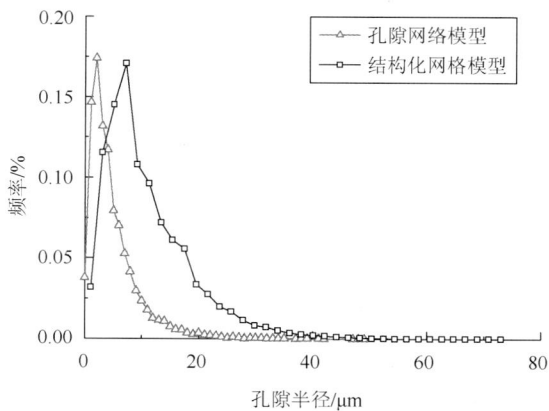

d) MS1孔径分布曲线

图 7-12　模型孔隙网络模型及原始图像孔径分布曲线

表 7-2　三类模型绝对渗透率对比

项目		渗透率/D			
		B1	C1	F1	MS1
实验值		1.100	0.969	无	3.532
等效孔隙网络模型		1.210	1.855	0.872	3.706
非结构化网格模型	X	2.05	0.631	0.542	2.153
	Y	1.93	0.575	0.705	2.922
	Z	1.24	1.126	0.665	3.461
结构化网格模型 $f = 0.5$	X	1.662	0.922	0.687	2.486
	Y	1.985	0.833	0.733	3.185
	Z	1.069	1.348	0.781	3.611

7.2.2　绝对渗透率预测对比

等效孔隙网络模型的绝对渗透率预测基于泊肃叶定律，非结构化和结构化网格模型则是基于有限体积法和 N-S 方程。三类模型得到的岩样绝对渗透率数值及实验数值如表 7-2 所示，其中 B1 为文献给出的实验值[196]，C1 与 MS1 为原始岩心的实验测定值。其中非结构化/结构化网格模型选用区间内均匀随机分布的微流边界层作用系数，Φ 的取值区间为 [100，15000]$\times 10^{-23}$，模型按空间坐标划分为 $5 \times 5 \times 5 = 125$ 个区域，即 $n_r = 125$。

从表中可以看出：

（1）等效孔隙网络模型的绝对渗透率计算是基于泊肃叶定律对模型整体渗透率的求解，是模型中除孤立孔隙体外的相互连结孔喉链连通性能的表征。以模型 B1 为例，虽然等效孔隙网络模型为了拟合实验得到的毛细管力曲线而缩小了喉道半径，但显然喉道半径的缩小抵消了等效模型因简化孔喉形状及未考虑微流体流-固作用对渗透率的影响，预测结果与实验结果吻合度较好（以 B1 为例），但模型无法反映出岩心渗透率的非均质性。对比模型 C1 和 MS1 可以看出，等效孔隙网络模型的预测值均高于实验值，这主要是由于在模型选取过程中往往人为地选取连通性较好的部分以便于流体流动过程的观测。

（2）网格模型得到的绝对渗透率数据与实验测得值在数量级上是一致的，与孔隙网络模型的预测值也有较好地吻合，这表明了网格模型的可行性及预测的准确性。但非结构化网格模型得到的渗透率数据普遍小于结构化网格的预测值，这主要是由非结构化网格生成过程中对模型结构的简化所引起的。此外，网格模型的预测值很好地体现出天然岩心渗透率的非均质性。

7.2.3　油水驱替过程预测对比

在本书的前面几章提到，等效孔隙网络模型的油水驱替过程模拟基于泊肃叶定律、准静态驱替理论及随机填充模型；非结构化与结构化网格模型则是基于 Fluent 软件的 VOF 模型及微流边界层理论，7.2.1 节的分析表明非结构化与结构化网格模型的主要差异体现在模型拓扑结构、网格质量及其对预测结果的影响等方面，但数值模拟采用的数学模型是相同的。因此本节主要对比分析了等效孔隙网络模型及结构化网格模型对油水驱替过程的预测精度。数值模拟采用的流体物性参数如表 7-3 所示。模型按空间坐标划分为 $5 \times 5 \times 5 = 125$ 个区域，即 $n_r = 125$。

表 7-3　油水物性参数

流体	密度 /(kg/m³)	黏度/cP	表面张力 /(N/m²)	接触角 θ_w			系数 $\Phi \times 10^{-23}$	
				油驱水	水驱油		强亲水	强亲油
				强亲水	亲水	亲油		
油	890	48	0.048	[10，40]	[50，80]	[100,130]	$\Phi_w \in [100,$ 15000]	$\Phi_w \in [1，150]\Phi_o$ $\in [100,$ 15000]
水	1000	1					$\Phi_o \in [1，150]$	

在第 5 章中，以岩样 MS1 为例，详细分析了等效孔隙网络模型在不同润湿性条件下水驱油相对渗透率曲线的特点。此处仍以岩样 MS1 为例，分别研究等效孔隙网络模型和结构化网格模型在油驱水、水驱油过程中相对渗透率曲线的变化特点。岩样 MS1 孔隙的结构化网格模型见图 7-10d），其孔隙几何重建模型如图 7-13 所示，图中灰色的部分为相互连通的孔隙，绿色部分为孤立孔隙体，孤立孔隙体积占总体积的 3.52%。本节研究的驱替过程均沿 z 方向进行，进口压力为 7500Pa，出口压力 0Pa，其他面设置为不渗透边界。假定流体为层流，采用 SIMPLEC 压力修正项，设置 1E-5 的绝对收敛条件，采用默认的松弛因子。

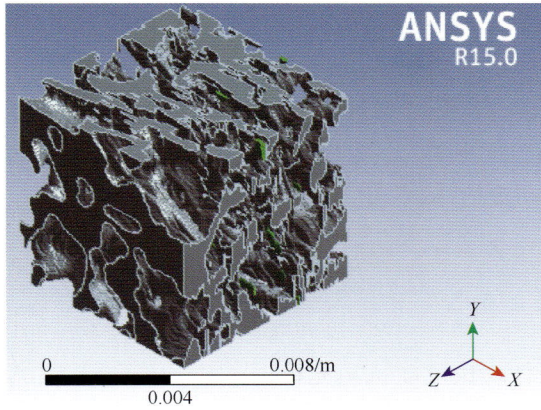

图 7-13　岩样 MS1 孔隙几何重建模型

1. 油驱水过程

油驱水过程主要用来表征油藏形成初期岩石孔隙内流体的运移过程，此时油藏润湿性为强亲水型。在等效孔隙网络模型油驱水模拟中，驱替结束时的束缚水饱和度需要依据实验数据给定，本节采用的模型束缚水饱和度依据结构化模型油驱水过程得到（$S_{wi} = 0.157$），其相对渗透率曲线如图 7-14 所示，从中可以看出，在相同的润湿性条件下两种模型的油驱水相对渗透率曲线基本吻合，同时也存在一定的差异：结构化孔隙网络模型在束缚水饱和度处的水相相对渗透率略高于等效孔隙网络模型，且两相共渗区面积略大于等效孔隙网络模型，其原因在于等效孔隙网络模型建模过程中缩放了孔喉尺寸，使得两相流体的流通域缩小。

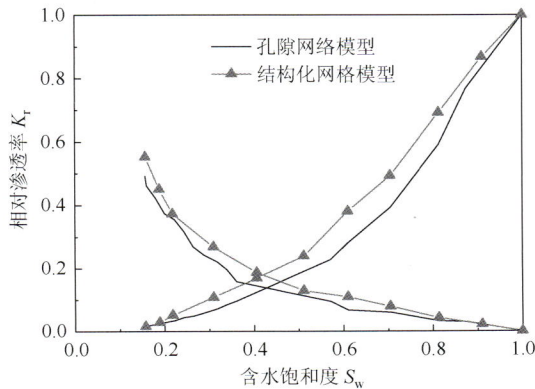

图 7-14　岩样 MS1 油驱水相对渗透率曲线

2. 水驱油过程

岩样 MS1 的等效孔隙网络模型和结构化网格模型在亲水和亲油条件下的相对渗透率曲线如图 7-15 所示。第 5 章讨论了等效孔隙网络模型在亲油条件下会出现不合理残余油饱和度的问题，因此本节的对比分析主要针对亲油模型的水驱油相对渗透率曲线。

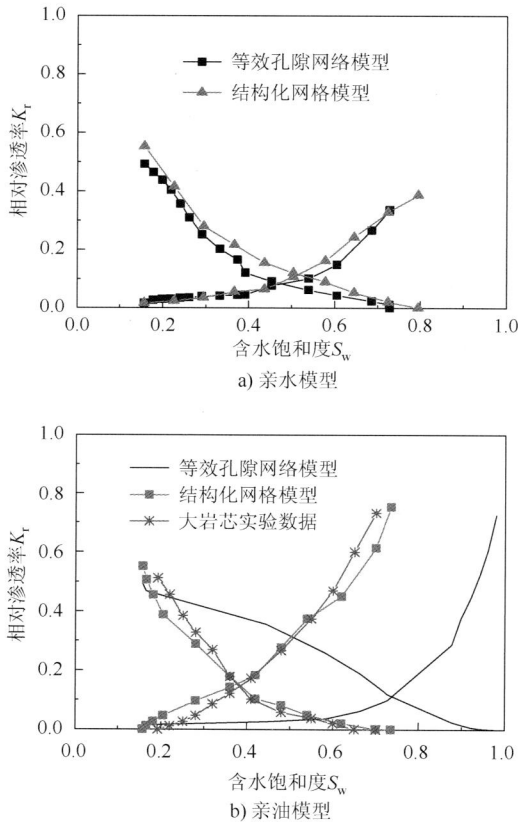

a) 亲水模型

b) 亲油模型

图 7-15　岩样 MS1 亲油条件下水驱油相对渗透率曲线

（1）亲水条件下：亲水条件下等效孔隙网络模型和结构化网格模型水驱油过程的相对渗透率曲线见图 7-15a）。从中可以看出，两类模型的相渗曲线基本上是吻合的，但也存在一定的差异：等效孔隙网络模型在亲水阶段采收率较低，两相最大相对渗透率均较低，这主要是由于等效孔隙网络模型在建模过程中缩放了孔喉尺寸，而该模型水驱油过程残余油的主要成因是基于毛细管力过高造成的卡断现象。在亲水模型中，毛细管力的存在阻碍了油相运移，而缩小孔喉尺寸加剧了阻碍作用，使得残余油饱和度较高。

（2）亲油条件下：两类模型亲油条件下水驱油相对渗透率曲线及 MS1 原始大岩心驱替实验数据（MS1 为亲油岩心）的对比如图 7-15b）所示。从图中可以看出，等效孔隙网络模型在强亲油条件下得到的残余油饱和度为 0.06，且相渗曲线的交点饱和度在 0.74，显然与实验得到的规律相违背；考虑了微流边界层效应的结构化网格模型得到的相渗曲线与大岩心亲油条件下得到的实验曲线大致吻合。同时，等效孔隙网络模型水驱油相对渗透率曲线的两相共渗区面积较小，这主要是由于该模型在建模过程中缩放了孔喉尺寸。

7.3　本 章 小 结

为了解决第 6 章提出的非结构化网格模型网格质量较差的缺陷，本章提出了一种结构化网格的建模方法，通过单相渗流数值模拟和水驱油两相渗流模拟验证了该方法的有效性。开展了等效孔隙网络模型、非结构化网格模型和结构化网格模型在模型拓扑结构、单相及两相渗流过程预测方面的对比分析研究。研究表明：

（1）结构化网格模型网格质量高，可完美再现岩心 CT 图像所反映的孔隙拓扑结构特征，但网格数目较多，计算所需时间较多。鉴于此，通过采用减小图像分辨率的方法减少结构化网格模型的网格数目，提出了缩放因子的概念。研究表明，当图像的缩放因子小于 0.5 后，图像拓扑结构的误差急剧升高。

（2）在微流边界层的应用上，由于 CT 图像的处理前期可以直接获取孔隙像素的壁面距离，简化了非结构化网格模型中需要计算网格中点壁面距离的烦琐过程。网格模型得到的绝对渗透率数据与实验结果在数量级上是一致的，与孔隙网络模型预测值的较好吻合表明网格模型的可行性及预测的准确性。网格模型较好再现了岩石渗透率的非均质性，但非结构化网格模型得到的渗透率数据普遍小于结构化网格的预测值，这是由非结构化网格生成过程中模型结构的简化引起的。

（3）油驱水过程的数值模拟研究表明，在相同的亲水性条件下等效孔隙网络模型和结构化网格模型的油驱水相对渗透率曲线基本吻合。结构化孔隙网络模型在束缚水饱和度处的水相相对渗透率略高于等效孔隙网络模型，在两相共渗区面积略大于等效孔隙网络模型，其原因在于等效孔隙网络模型建模过程中缩放了孔喉尺寸，使得两相流体的流通域缩小。

（4）水驱油过程的数值模拟研究表明，在亲水性模型中等效孔隙网络模型和结构化网格模型的相对渗透率曲线基本吻合，在亲油模型中，等效孔隙网络模型在残余油饱和度和曲线交叉点均出现与实验基本规律不符的情况，这是由准静态驱替理论数学模型的局限性导致的。考虑了微流边界层效应的结构化网格模型在亲油模型中得到的相对渗透率曲线与大岩心室内驱替实验结果吻合度较高，表现了结构化网格模型在油水驱替过程模拟研究的优越性。

第8章 基于压痕实验的岩心微观力学性能测试

材料的宏观力学性能和微结构的形貌密切相关，岩石作为一种非均质的多孔材料，其微观结构的组分和分布决定了宏观力学性能[268]。因此，获取多孔介质中微观结构组分的微观力学性能研究至关重要。然而，传统的宏观岩石力学参数实验方法，如压缩、拉伸和弯曲实验等，在实验设备和方法、样品制取、测量精度等方面均无法应用至微观尺度。微纳米尺度的材料力学性能测试面临着试样尺寸测量、被测试样的制备与装夹、位移和应变的测量等难题[269]。

当岩心样品的研究尺度从宏观的厘米或毫米尺度延伸至岩样微 CT 图像的微纳米尺度，宏观实验得到的力学参数已无法直接应用于材料微观力学性能的研究。就非均质多孔材料而言，固体骨架的矿物组分以及孔隙结构特征的差异直接决定了材料力学性能的不同。在宏观材料力学中，只有当岩石材料测试的接触区尺寸远大于材料本身代表性单元（representative volume element，RVE）的尺度时，测得的材料力学参数即为材料的宏观力学表征[270]。关于 RVE 的含义，对均质材料而言，RVE 应包含均质材料的宏观有效特性和足够多的微结构特征信息[271]；对复合材料而言，它是复合材料中可将宏观材料参数的本构模型精确应用于材料最小体积单元的微元体[272]。可见，材料的宏观力学参数是材料本身代表性单元所表现出的力学特性，包含其中材料骨架和孔隙共同变形的结果[273]，将其应用于微尺度模型的变形分析显然是不合理的。

为了获取与第 2 章岩样 CT 图像相匹配的微米级材料力学参数，本书引入压痕实验得到岩石的微观力学性能。压痕实验作为一种简单、高效的材料力学性能测试手段，已有近百年的应用历史[274]，并在近年来被广泛应用于微纳米材料的力学性能测试，应用的尺度也已经从毫米级逐步发展到微米级（微痕实验）乃至纳米级（纳痕实验）。压痕实验过程简单，可以用于表征多尺度的材料力学特性。该方法已被广泛应用于金属、陶瓷材料、高聚物材料的性能测定，但在岩石力学性能参数上并不多见。本书采用的微米级锥形压头在尺度上与岩样 CT 图像的分辨率相当，通过对成像区域进行多点测试，以取均值的方法最终获取微米级的岩石力学参数。

本章详细叙述了压痕实验的原理及其发展过程，并以压痕实验为基础开展了微尺度的岩石力学参数测定，获取了微米尺度下岩石的力学性能，对比分析了微米压痕实验与单轴压缩实验的实验结果，揭示了不同尺度下岩石力学性能的影响因素，为后续微尺度热-流-固耦合数值模拟研究工作提供基础岩石力学参数。

8.1　压痕实验简介

压痕实验方法弥补了传统材料宏观力学实验的诸多不足，利用特定形状（如球形、锥形、平底等）的压头压入测试样品，根据压头加载和卸载过程的载荷-位移曲线获取材料的力学参数，如材料硬度和弹性模量[275]。由于材料测试过程中试样接触区的尺寸由加卸载载荷大小和压头形状决定，因此可以通过选用合理的压头形状、接触载荷或压入位移开展不同尺度的材料力学参数测试。

现阶段压痕实验弹性模量和硬度参数的获取主要基于 Oliver 和 Phrr[276]提出的任意轴对称形状压头压入弹性半空间的接触力学问题解，该分析方法假设压头卸载过程为材料弹性变形，此时测试材料的简约弹性模量由式（8-1）计算[277]。

$$E_r = \frac{S\sqrt{\pi}}{2\sqrt{A_c}} \tag{8-1}$$

式中，A_c 是压头与测试样品接触区域沿加载方向的投影面积，是接触深度 h_c 的函数。压痕实验加卸载曲线及弹性模量、硬度求解示意图如图 8-1 所示，其中，S 是卸载曲线的初始斜率，P_{max} 是压入载荷的最大值。

$$S = \frac{\mathrm{d}P}{\mathrm{d}h}\bigg|_{h=h_{max}} \tag{8-2}$$

对于圆锥形压头，

$$A_c = \pi h_c^2 \tan^2 \alpha \tag{8-3}$$

其中，α 为中心线与锥面的夹角。

测试材料的弹性模量与简约弹性模量的关系为

$$\frac{1}{E_r} = \frac{1-v^2}{E} + \frac{1-v_1^2}{E_1} \tag{8-4}$$

其中，E 和 v 为测试材料的弹性模量和泊松比（砂岩泊松比取 0.31），E_1 和 v_1

为压头的弹性模量和泊松比。压头为金刚石，其弹性模量为 1141GPa，泊松比为 0.07。

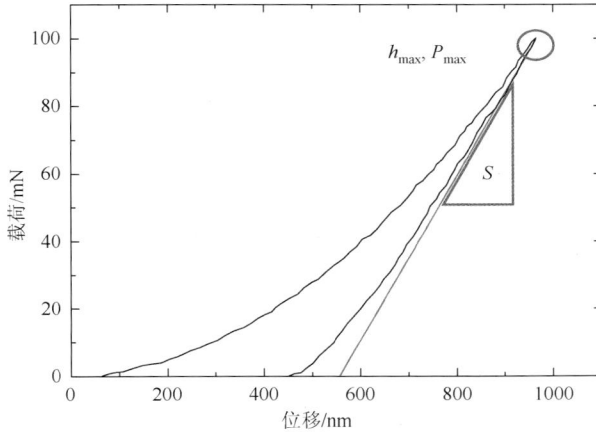

图 8-1　压痕实验加卸载曲线及弹性模量、硬度求解示意图

8.2　基于压痕实验的岩石力学参数测定

8.2.1　实验过程

本书主要采用西南石油大学材料科学与工程学院的 NFT-400 型多功能材料表面性能实验仪进行微米压痕实验，如图 8-2 所示。该仪器可完成涂层表面粗糙度、涂层断面厚度、涂层的压入破坏、材料弹性模量测定以及压痕实验等。该仪器的相关参数如表 8-1 所示。

表 8-1　NFT-400 型多功能材料表面性能实验仪

加荷范围	0.5～300N 自动连续加荷、精度 0.5N
加荷速率	20～100N/min
测量范围	0.5～100μm
压头	金刚石、锥角 120°
压入深度	0.5～100μm
分辨率	0.1μm

图 8-2　NFT-400 型多功能材料表面性能实验仪

实验具体流程为：

（1）取样：从原始岩样上制取 2mm 厚的岩石切片，并对其进行表面抛光处理（图 8-3），同时保证岩样切片上下表面的平行。

（2）试样安装：将岩石试样固定在实验仪样品台处，保证岩石切片下表面与样品台的完全接触，调整样品台位置以选取合适的测点位置。

（3）测试：通过调整仪器右侧旋钮使实验仪压头至刚接触岩石样品的位置，点击实验仪配套软件界面上的下降按钮，对实验仪压头位置进行微调，直至压头完全接触；以 50mN/s 的加载速度加载至目标载荷，停留 5s 后开始卸载，记录加卸载力与位移。

（4）变换测点：首先通过仪器配套软件界面上的上升按钮提升压入探头的位置至离开岩样，调整仪器右侧旋钮进一步提升压头，旋转或移动岩样，以测试不同测点处的加卸载曲线。部分岩样的测点分布如图 8-3 所示。

a) S5　　　　　　　　　　　b) S7-1

图 8-3　岩样 S4 和 S7-1 压痕测点分布图

8.2.2　实验数据处理

本书共测试了 4 组样品，每组样品分别取 20 个测点，测点主要分布在岩心中心处（正反两面），与第 2 章岩样 CT 成像的取样位置基本保持一致。压头压入过程中，当微米压头的尺寸与孔隙尺寸相当或小于孔隙尺寸，或压入压头途经的上部岩石骨架发生破裂或大尺度变形时，会出现载荷不变情况下，压头位移迅速递增，测点的加卸载曲线在加载过程中出现明显畸变，如图 8-4 所示。无效测点曲线的数据点在（10，15）及（20，35）之间发生畸变，压头位移瞬间增大，造成了较大的压入深度，影响后续岩石弹性模量等参数的精确性，此时该测点被认为是无效的；虽然图中有效测点曲线在前一小段斜率小幅度减小，考虑到被测岩样为泥质砂岩类型，压头压入过程经过了弹性模量较小的泥质矿物组分，但曲线未发生跳跃，认为该类测点是有效的。

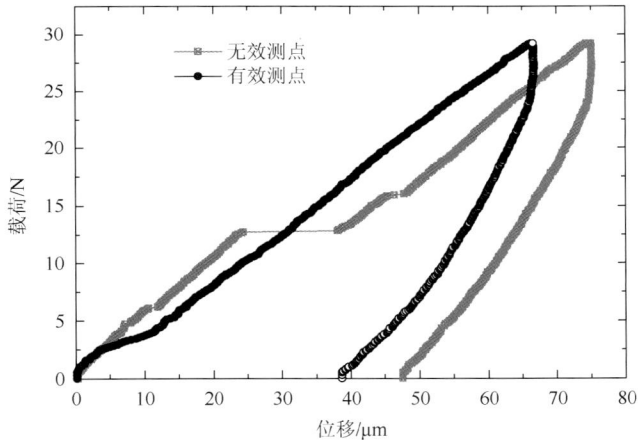

图 8-4　岩石微米压痕实验无效测点及有效测点典型曲线

样品 S2、S3、S4、S5 的不同测点在不同加载载荷条件下岩石压痕实验与岩石单轴压缩实验测得的弹性模量数据如图 8-5 所示。从图中可以看出，与均质材料（如单晶铜）压痕实验测得的弹性模量数据不同，砂岩弹性模量呈现出一定的离散性；其弹性模量未随压痕深度的增加而趋向于某一值。这与岩石矿物组分和微结构的严重非均质性有关。因此微米压痕实验测得的弹性模量数据在宏观尺度上并不适用。同时，将压痕实验测得的测点数据取均值，与单轴压缩实验测得的弹性模量数据汇总于表 8-2。从图中可以看出，压痕实验测得的弹性模量均值高于宏观单轴压缩条件下测得的数值，这说明采用取均值的方也是行不通的；此外，相对偏差随着孔隙度的增大而增大，这说明，砂岩微结构特征对岩石力学特性具有显著影响。

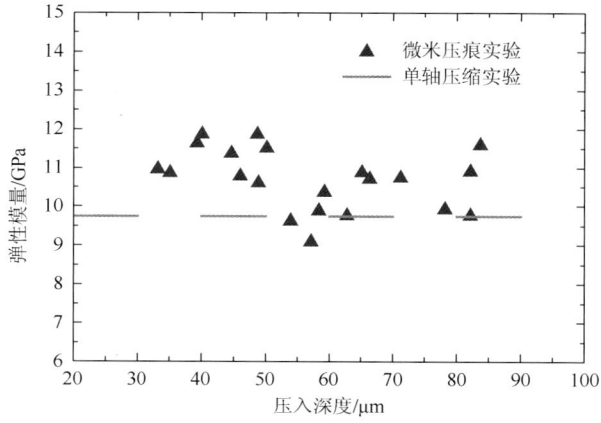

a) S5

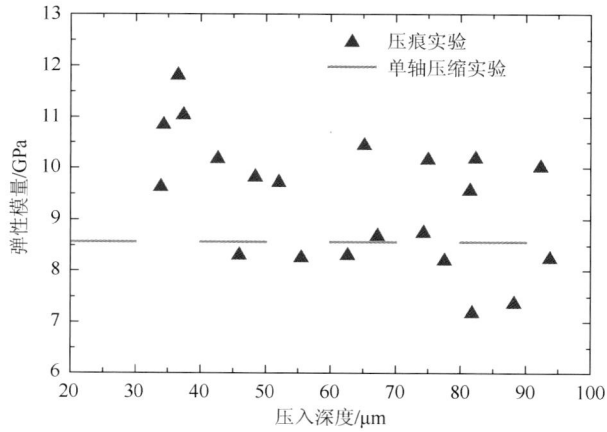

b) S6

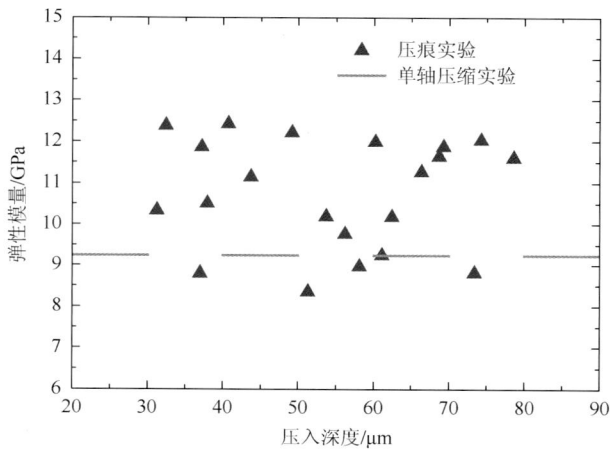

c) S7

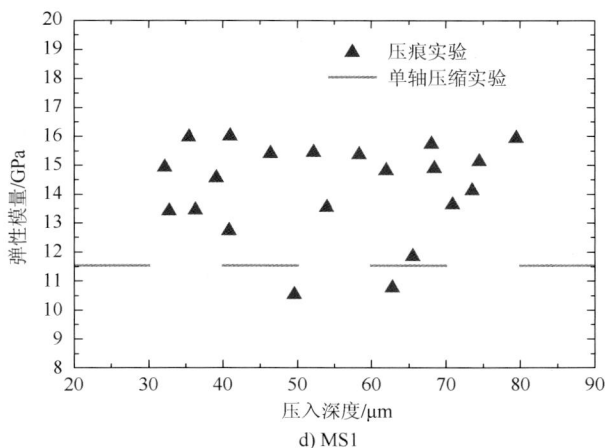

d) MS1

图 8-5　不同压入深度条件下岩样 S5、S6、S7 及 MS1 弹性模量

表 8-2　压痕实验（均值）与单轴压缩实验测得岩石弹性模量数据

岩样编号	岩样孔隙度	压痕实验 E（均值）/GPa	单轴压缩 E_s/GPa
S4	20.3%	10.09	9.23
S5	12.11%	10.61	9.13
S6	40.34%	9.35	8.57
MS1	34.86%	14.94	11.53

8.3　基于压痕实验数据和岩样微尺度有限元模型的数值模拟研究

从 8.2 节可以看出，岩石微米压痕实验测得的弹性模量数据因离散性及无规律性无法确定其适用性。为了验证微米压痕实验测定的岩石弹性模量在微米尺度下 REV 的合理性，本节设计了如图 8-6 所示的实验及数值模拟研究方案：

（1）从原始岩心样品上钻取直径为 5mm 的圆柱形小岩心，采用蔡司 xradia MicroXCT-400 开展岩心 CT 扫描，成像分辨率 2.5μm。

（2）如图 8-6c 所示，将扫描后的小岩心表面抛光进行岩心微米压痕实验测试，测点分布在四个边长为 2mm 的正方形区域内，每个区域设置 1 个测点。

（3）基于岩心 CT 图像，构建的步骤（2）中四个正方形区域的孔隙尺度网格模型，分别开展微米压痕及岩石单轴压缩的数值模拟研究，并与基准实验数据进行对比验证。

a) 岩样

b) 岩样三维CT图像

c) 岩样微米压痕实验

d) 岩样微米尺度压痕试验数值
模拟示意图

图 8-6　岩石微米压痕实验及数值模拟流程示意图

本节研究以砂岩 S7-2 以及人造砂岩 MS1 作为研究对象，依据上述实验方案对每个样品选取 4 个测点，得到的岩石弹性模量数据与单轴压缩实验数据见表 8-3。由表 8-3 可知，选自相同样品的不同岩样由于孔隙结构的差异其孔隙度各异；同时，岩石微米压痕实验同样品不同测点测得的弹性模量具有较大离散性，与单轴压缩实验数据的最大误差在±25%以内。在非均质材料的压痕实验数据处理上，多采用取均值的方法，但从表 8-3 中可以看出，其平均值与单轴压缩实验数据存在±10%的误差。由此可见，由于岩石的非均质性，微米压痕实验测得的弹性模量与宏观岩石单轴压缩实验的 RVE 在尺度上是不一致的：用宏观岩石弹性模量来开展孔隙尺度岩石力学分析是不合理的，也就是说，用岩石微米压痕实验测得的弹性模量来表征岩石宏观力学性能是不精确的。造成这种差异的原因在于多孔介质岩石的非均质性：由矿物组分的非均质性以及孔隙结构的无序分布所造成的非均质性。而在微米压痕实验过程中，孔隙结构无序分布的影响尤为显著。

表 8-3　单轴压缩与微米压痕实验测得的砂岩弹性模量

岩样编号	孔隙度	弹性模量 E_i/GPa	平均值 E_a/GPa	单轴实验 E_u/GPa
S7-①	17.9%	10.50		
S7-②	16.1%	9.24	10.09	9.23
S7-③	16.7%	9.76		
S7-④	18.0%	10.86		
MS1-①	39.0%	15.17		
MS1-②	37.2%	14.81	14.94	11.53
MS1-③	41.0%	15.36		
MS1-④	38.4%	14.43		

8.3.1　几何模型

本书构建的微尺度岩心网格模型的 CT 图像分辨率为 2.5μm，包含 400^3 个像素，图像尺寸为 2mm×2mm×2mm。微尺度岩心模型主要采用结构化有限元网格建模方法，以结构化网格单元表征原始微观图像的特定像素（如孔隙或固体颗粒像素）。

为了简化建模过程中的数据处理过程并降低网格模型中的网格数量，模型构建前往往需要减少原图像中的像素数量。如 S7 图像中包含了 400^3 个像素，将其分辨率减小 1 倍，即变为 200^3 个像素，其像素数目减少至原来的 1/8，由此构建包含 201^3 个节点和 200^3 个网格单元的节点与网格数据文件。通过查找原图像中孔隙或固体颗粒的位置参数，进行相应位置网格与节点参数的提取，实现了孔隙或固体骨架模型的重构。该结构化网格重构模型不仅能够真实反映原始图像的孔隙结构，也极大提高了数值模拟的收敛速度与预测精度。重构得到不同岩样的结构化有限元模型如图8-7所示。

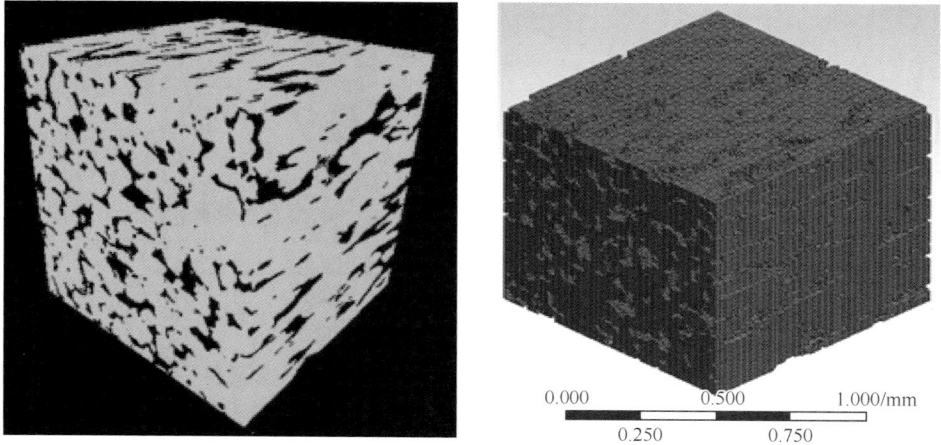

a) 岩样S7三维CT图像及其岩石骨架有限元模型

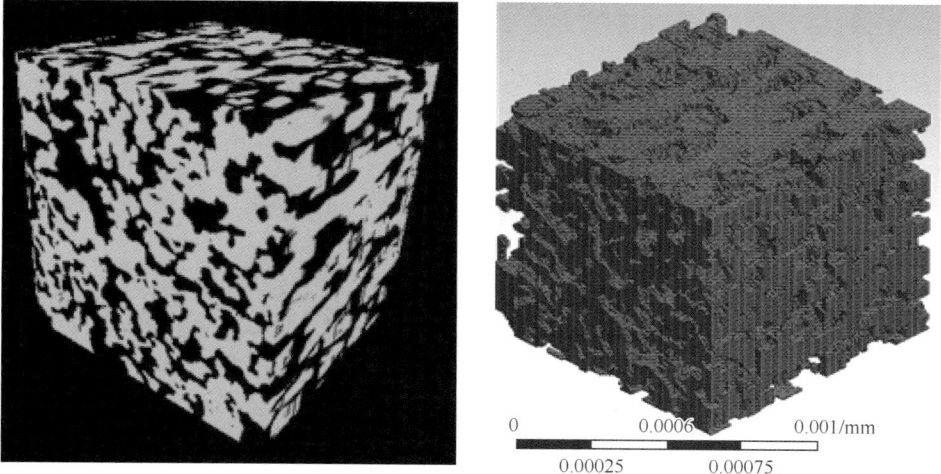

b) 岩样MS1三维CT图像及其岩石骨架有限元模型

图 8-7　岩样图像及骨架有限元模型

8.3.2　数值模拟

1. 基于微米压痕实验的岩石单轴压缩数值模拟研究

以微米压痕实验测得的弹性模量数据（表8-3）作为数值模拟的材料参数，采用 ANSYS 弹性变形求解模块实现了微尺度岩石的变形过程数值模拟研究。模型沿 z 轴方向的上表面施加均布压力荷载，下表面施加固定约束条件。通过监测不同均布载荷条件下上表面的应变量，确定模型的弹性模量。图 8-8 为模型 MS1-③在 10MPa 均布载荷下的 Von-Mises 应力及应变分布场图。从图中可以看出，由于多孔介质几何结构的非均质性，其应力场的分布也呈现出非均质的特点；在部分薄弱区域出现应力集中，发生较大变形乃至破坏，而这些区域从微观层次决定了岩石微裂纹的发育及扩展。

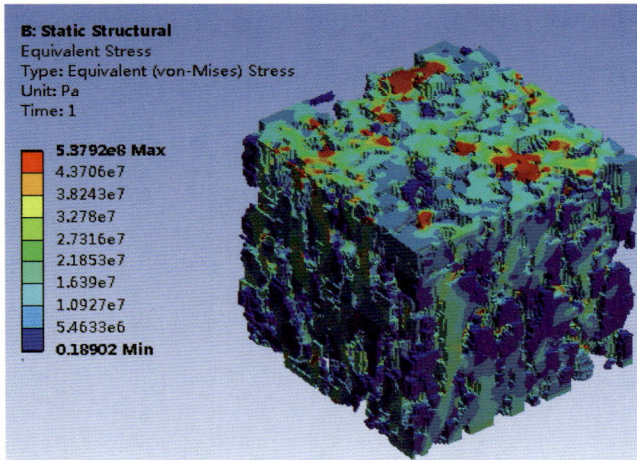

a) 模型MS1-③应力场分布图

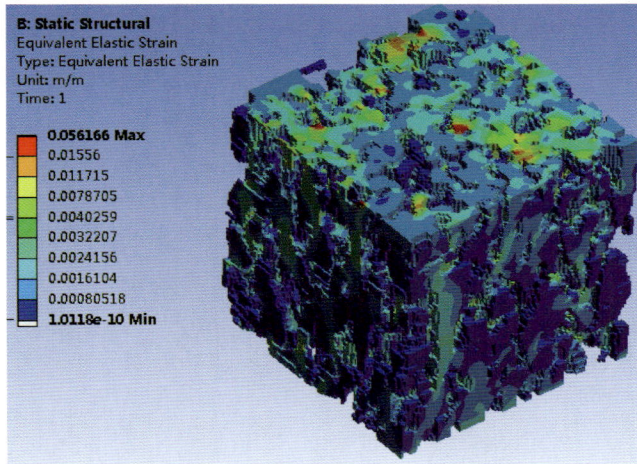

b) 模型MS1-③应变场分布图

图 8-8　10MPa 均布载荷下模型 MS1-③的变形场图

　　将模型上表面的节点应变数据导出，由于模型为结构化有限元网格模型，各节点应变值的均值即为模型整体的应变量，结合施加的应力条件，即可求得模型的弹性模量。通过数值计算得到岩样 S7 与 MS1 不同测点的弹性模量 E_s，与压痕实验、单轴压缩条件下测得的弹性模量的对比汇总于图 8-9。从图中可以看出，将微米压痕实验得到的岩石弹性模量与岩石微尺度结构特征相结合时，模型呈现出的弹性模量参数与单轴压缩条件测得的弹性模量极为接近，这表明微米压痕实验得到的岩石弹性模量在微尺度下是适用的。此外，由于岩石微米尺度下测得的弹性模量不再受到微米尺度以上孔隙的影响，其数值远高于岩石的宏观弹性模量。

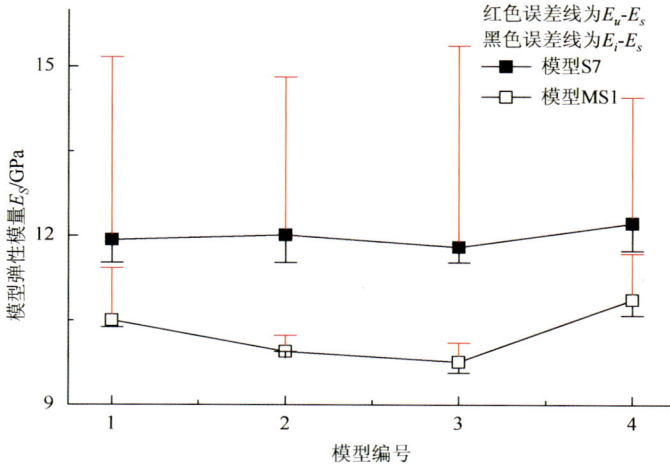

图 8-9　数值模拟得到的岩石弹性模量 E_s 与单轴压缩 E_u、压痕实验 E_i 数据对比曲线

2. 岩石微米尺度下屈服强度预测

　　除了弹性模量外，岩石屈服强度也是一项重要的力学参数，研究表明微尺度测得的抗压强度与宏观尺度的单轴抗压强度有较大差异[278]。因此，本节研究了微米尺度下岩石的屈服强度参数。压痕实验的原理分析表明压头压入材料的过程涉及材料的弹塑性变形，其塑性功及弹性形功分布如图 8-10 所示。基于这一原理，Toparli 等人提出利用压痕实验得到的弹性模量数据预测人类牙齿的屈服强度[279]。

　　本书采用砂岩结构化重建模型建立了与真实压痕实验一致的几何模型（图 8-11），岩石模型尺寸为 2mm×2mm×2mm，压头为 120° 圆锥体。鉴于实验过程压入深度在 100μm 以内，压头模型高 100μm。由于该模型计算过程中涉及材料非线性与几何非线性的计算问题，网格质量及载荷步长显著影响数值模

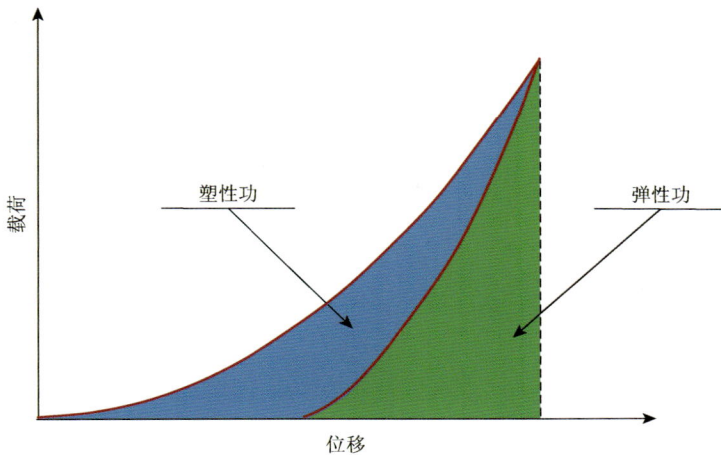

图 8-10 压痕实验过程弹塑性变形

拟结果的收敛性。因此将圆锥形金刚石压头假定为刚体,有效减少了接触区域的网格数目,避免了因接触区域计算节点过多造成的收敛困难。假设岩石为理想 Von-Mises 各向同性强化弹塑性材料,压头和测试样品为刚-柔接触方式,遵循基本库仑-摩擦接触模型,计算过程考虑几何大变形。模型弹性模量数据选用压痕实验对应测点的弹性模量数据,采用多步加载载荷的方式,每个加载步位移收敛条件设置为 0.1μm,接触面法向力收敛条件设置为 1mN,应变能收敛条件设置为 0.1mJ。

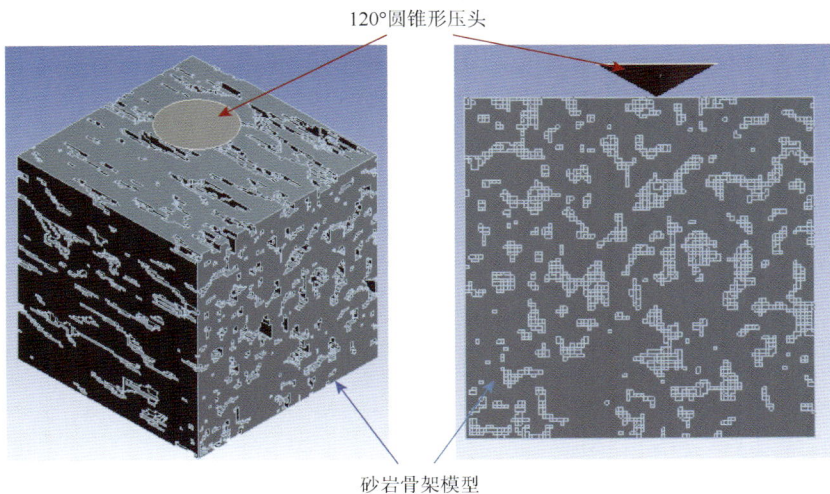

图 8-11 压痕过程数值模拟几何模型

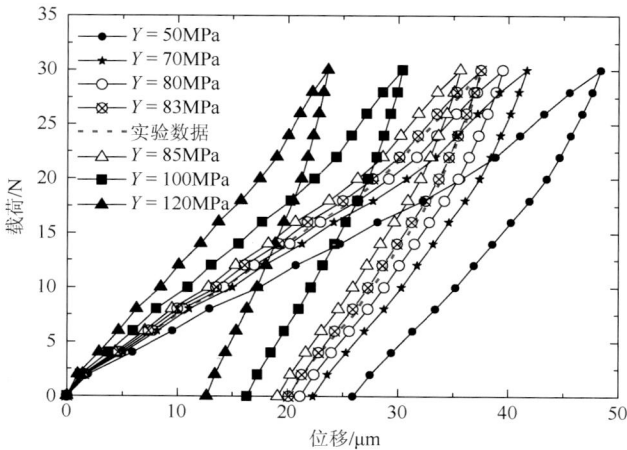

图 8-12　模型 S7-①不同屈服强度条件下加卸载曲线

　　假设该模型微尺度的屈服强度在某一区间上，通过模拟不同屈服强度条件下的加卸载曲线并与压痕实验进行对比，即可不断缩小真实屈服强度的所在区间，并最终确定其数值。以模型 S7-①为例，数值模拟过程中所采用的屈服强度依次为 50—70—80—83—85—100—120MPa，基于数值模拟结果绘制出相应的加卸载曲线，如图 8-12 所示，当屈服强度 $Y = 83$MPa 时，数值模拟加卸载曲线与实验曲线较好吻合，因此微米尺度下岩样 S7-①的屈服强度为 83MPa，该数值大约为单轴压缩测得屈服强度（37MPa）的 2.24 倍。以该方法为基础，得到不同岩样的屈服强度如表 8-4 所示。

表 8-4　模型 S7 及 MS1 各测点微尺度屈服强度

岩样编号	屈服强度/MPa
S7-①	83
S7-②	77
S7-③	75
S7-④	83
MS1-①	87
MS1-②	88
MS1-③	81
MS1-④	83

8.4 本章小结

非均质岩石微尺度变形机理的研究需要相应尺度的微结构模型和力学参数。基于砂岩微米级 CT 图像构建的岩石骨架结构化有限元模型,以被测岩样的微米压痕实验结果作为输入参数,开展了单轴压缩条件下岩石变形的数值模拟研究。结果表明,微米压痕实验测得的弹性模量均值高于单轴压缩实验,且二者的差值随孔隙度的增大而增大;综合考虑砂岩微结构与微尺度力学参数,模型整体弹性模量与单轴压缩的实验结果实现了较好匹配,表明岩石微米压痕实验的结果可以很好地适用于微米级别的岩石力学参数。采用数值模拟再现了微米压痕实验的加卸载过程,通过与压痕实验曲线的对比预测了微米尺度下岩石的屈服强度,为岩石热-流-固三场耦合研究提供基础力学参数。

第9章　热-流-固耦合作用下水驱油机理研究

基于前文提出的孔隙流体渗流修正数学模型、微尺度结构化网络模型和微米级岩石力学参数，本章利用 ANSYS 和 CFX 软件开展了单相及油水两相渗流的数值模拟研究，模拟了热-流-固三场耦合条件下应力及温度变化对孔隙结构特征演化规律的影响，及其对岩石渗透率和水驱油效果的影响。

9.1　油水两相渗流

9.1.1　水驱饱和油模型

水驱油过程的数值模拟主要基于 Fluent 软件的 VOF 模型，模型初始为饱和油状态。模型上下表面施加 5MPa/m 的压力梯度，其余各表面设置为不渗透边界（具体参照第 6 章）。模拟过程中所采用的油水物性参数、接触角及表面张力系数见表 9-1，以单一润湿性系统和固定的微流边界层系数（$\Phi = 5 \times 10^{-20}$）开展模拟研究。

表 9-1　油水物性参数

流体	密度 ρ/(kg/m³)	黏度 μ/(Pa·s)	表面张力/(N/m²)	接触角 θ_w	
				S4	S6
油	890	0.48	0.048	65°	30°
水	1000	0.01			

模型 S4 和 S6 在驱替过程不同时间步的含油饱和度云图如图 9-1 所示。从图中可以看出，对于连通性交叉的岩样 S4 而言，残余油量较大；对于连通性较好的 S6 而言，残余油很少，几乎大部分的油都能被波及。

通过提取每个时间步模型的含油饱和度及各相流体出口流量，利用公式（3-18）和式（3-19）绘制了重建模型的微观水驱油油水两相渗透率曲线，如图 9-2 所示。

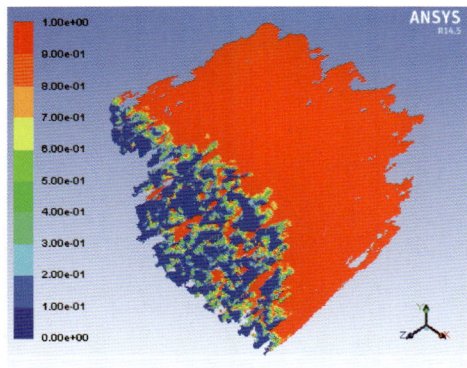

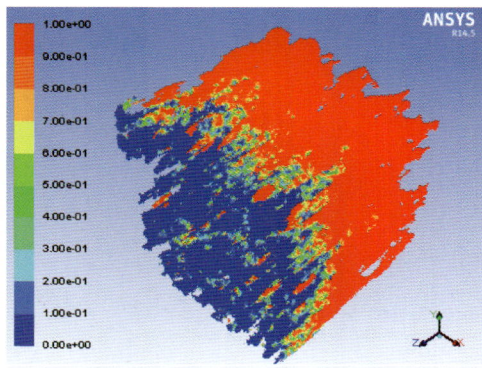

t = 5时间步　　　　　　　　　　　　　　　　　t = 20时间步

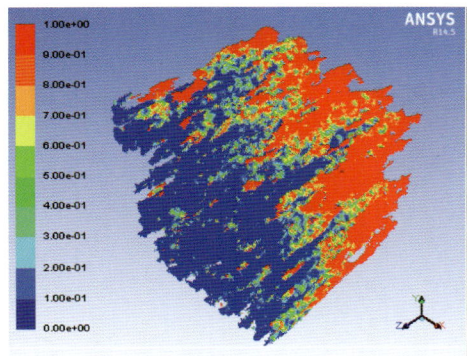

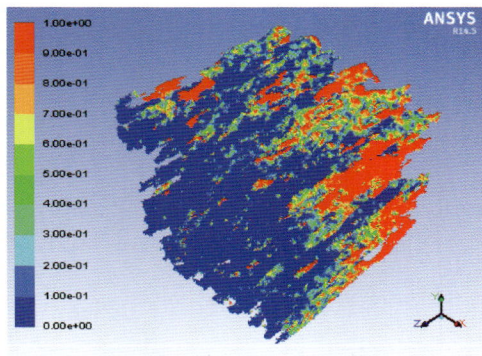

t = 35时间步　　　　　　　　　　　　　　　　　t = 50时间步

a) 不同时间步S4的含油饱和度

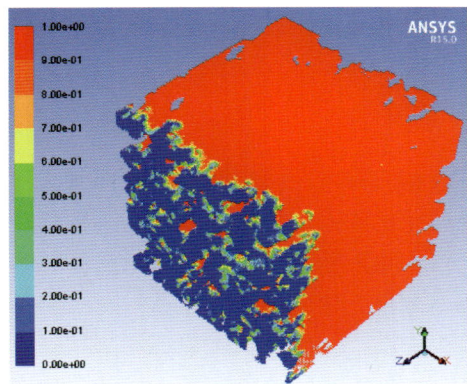

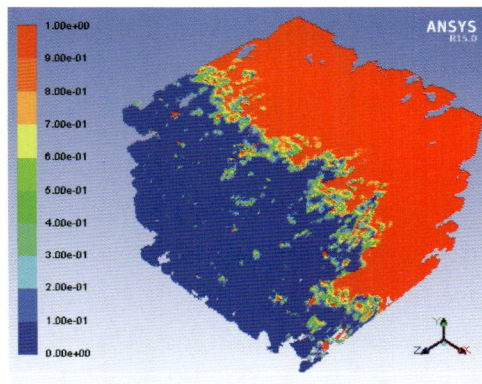

t = 5时间步　　　　　　　　　　　　　　　　　t = 20时间步

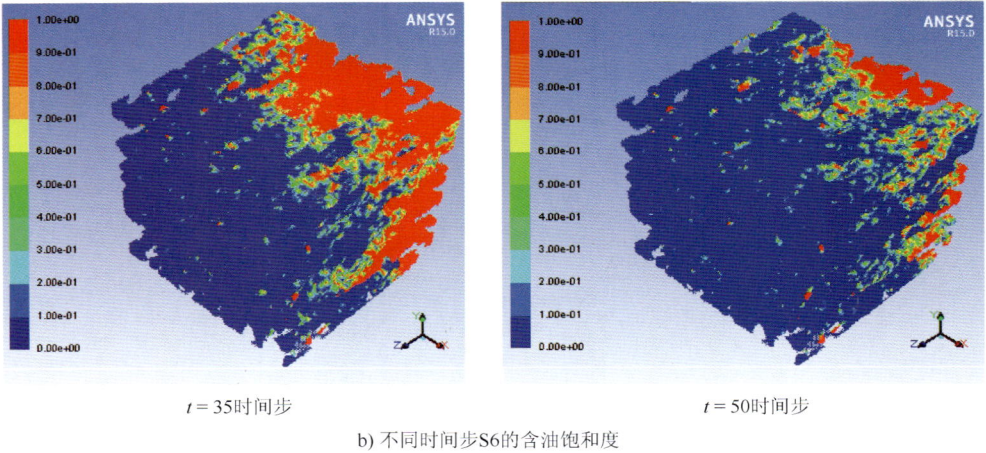

t = 35时间步   t = 50时间步

b) 不同时间步S6的含油饱和度

图 9-1   不同时间步模型的含油饱和度云图

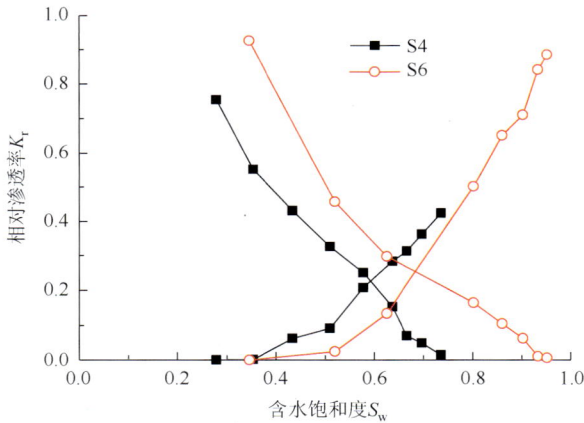

图 9-2   模型 S4 和 S9 油水两相渗透率曲线

9.1.2 流体物性的影响

相关实验结果表明，流体黏度尤其是驱替相的黏度及两相流体的界面张力等参数对水驱油效果影响显著，本节首先利用理想化的毛细管模型分析了不同流体物性参数影响下油水界面的形状及残余油分布。随后基于重建得到的岩心 F1 和 C1 结构化网格模型，分析了表面张力、注入水黏度、速度及毛细管准数对水驱油效果的影响。数值模拟过程遵循标准水驱油实验过程，模型初始为饱和水状态，先油驱至束缚水饱和度，再进行水驱油模拟，水驱油至最高注水 4 倍孔隙体积时，认为水驱油结束，剩余油相为残余油。

1. 两相界面张力对水驱油的影响

本节研究了两相界面张力对微尺度水驱油效果的影响机理，模拟中采用的油水物性参数如表 9-2 所示。

表 9-2　油水物性参数

流体	密度/(kg/m³)	黏度/cP	表面张力系数/(mN/m)	接触角 θ_w		系数 n_r	系数 $\Phi \times 10^{-23}$	注水速度 $u_w \times 10^{-3}$ (mL/min)
				油驱水	水驱油			
油	890	48	—	[10, 40]	[30, 60]	5^3	$\Phi_w \in [100, 15000]$	2
水	1200	1					$\Phi_o \in [1, 150]$	

首先采用理想化的单根毛细管模型（直径 10μm）模拟了相同驱替速度（0.5mL/min）和驱替时间条件下，不同界面张力下水驱油的油水接触面形状（图 9-3）。模拟中采用的油水密度及黏度参数见表 9-2，润湿角为 30°（亲水模型）。从图 9-3 中可以看出，当其他条件保持不变的情况下，随着两相界面张力的降低，水驱前沿推进加快，两相交界面逐渐拉长，指进现象愈加明显；当界面张力低至 0.01mN/m 后，油水交界面形状变化不大，但水推进速度较快。学术界曾有一种观点认为界面张力降低导致了毛细管力的降低并减弱了指进现象，这显然与随后的实验认识和本节得到的模拟分析结果相违背。从中可以看出，油水界面张力的降低增强了孔道的指进现象，拉长了油水过渡带，增大了断面上的非均质影响，并最终导致水驱油过程中水突破时间的减短，影响了水驱效果。

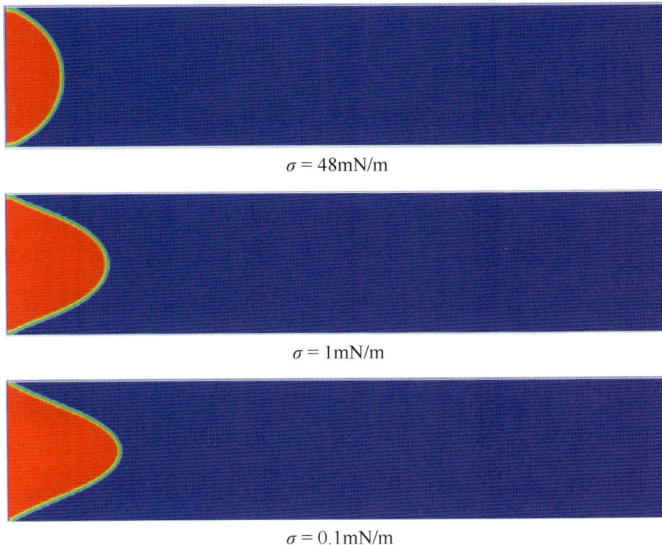

$\sigma = 48\text{mN/m}$

$\sigma = 1\text{mN/m}$

$\sigma = 0.1\text{mN/m}$

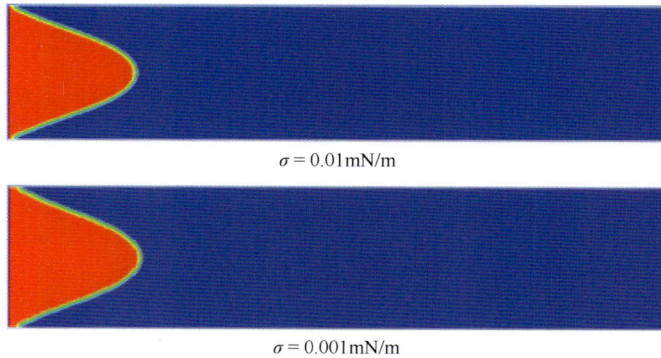

$\sigma = 0.01\text{mN/m}$

$\sigma = 0.001\text{mN/m}$

图 9-3　不同界面张力下油水交界面形状

　　但另一方面，从毛细管力公式和贾敏效应公式可以看出，随着两相表面张力的减小毛细管力也在逐渐减小，使狭窄孔道中的原油更容易被驱替出来，同时减弱了贾敏效应的发生。通过模拟图 9-4a）所示的含楔形盲端单根毛细管模型中的水驱油过程，本节分析了不同界面张力条件下楔形盲端中残余油的分布情况，如图 9-4b）所示。从图中可以看出，在其余条件不变的情况下，随着油水界面张力的减小，楔形盲端的残余油逐渐减少；当界面张力降至 0.01mN/m 时，盲端处的油几乎被驱替干净。以上理想化模型的模拟分析结果表明，减小油水界面张力的减小使小孔道及盲端的油更容易被驱替出，但也增加了驱替过程中的指进现象。

a) 含楔形盲端的单根毛细管模型

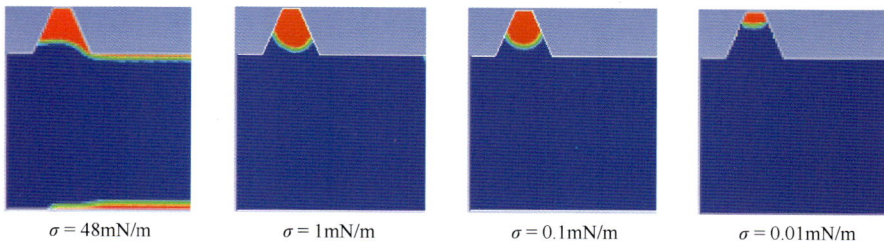

$\sigma = 48\text{mN/m}$　　　　$\sigma = 1\text{mN/m}$　　　　$\sigma = 0.1\text{mN/m}$　　　　$\sigma = 0.01\text{mN/m}$

b) 不同界面张力条件下盲端残余油分布（红色为油相）

图 9-4　单根毛细管楔形盲端残余油分布

为了探究单纯减小油水表面张力对水驱油效果的影响，本节基于岩样 C1 和 F1 的结构化网格模型，开展了不同表面张力对模型相对渗透率曲线及残余油饱和度的影响研究。图 9-5 所示为两模型单相流过程的压力及流速场分布，从中可以看出模型的非均质性及主要的流通通道。两模型油驱水及水驱油结束时的两相分布如图 9-6 所示，从图中可以看出亲水模型中束缚水的分布特点，在连通性较差的模型 C1 中，当油突破时仍有大块区域未波及导致束缚水的大片存在。残余油的分布与模型的润湿性有关，将在本书后面的章节予以详细分析。图 9-6 所示为亲水岩心的束缚水及残余油分布云图。

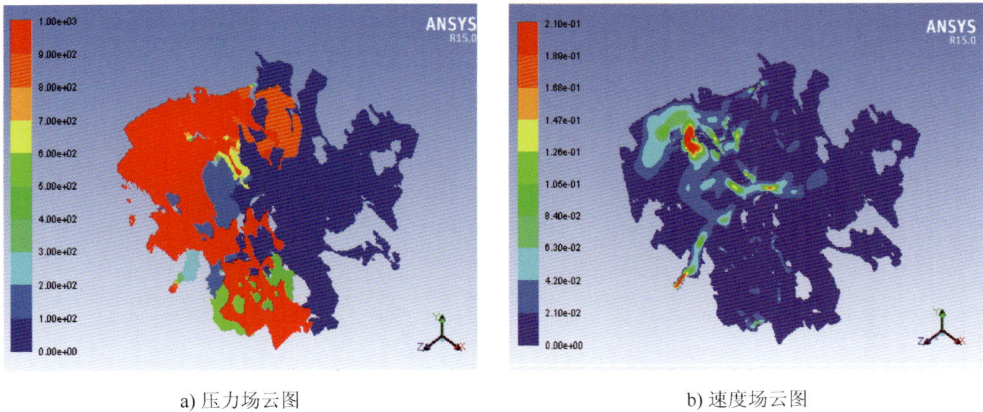

a) 压力场云图　　　　　　　　　　　　b) 速度场云图

图 9-5　模型 C1 单相渗流压力及速度场云图

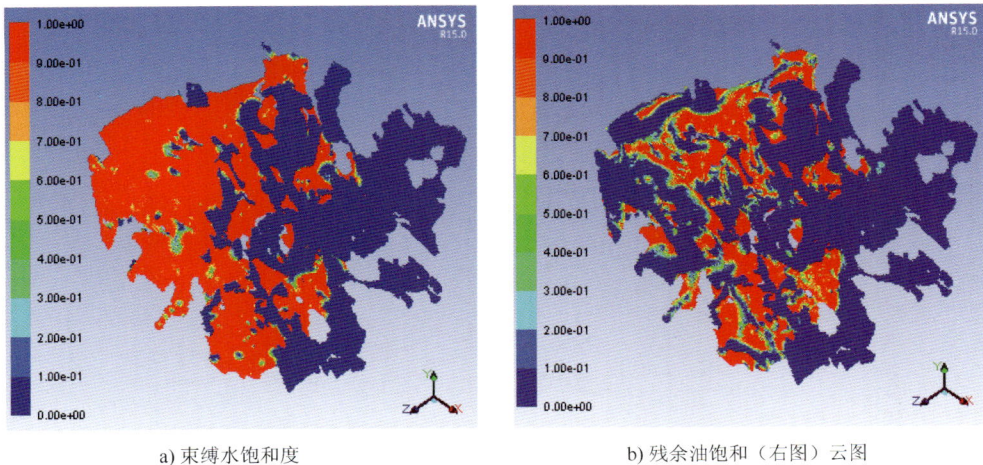

a) 束缚水饱和度　　　　　　　　　b) 残余油饱和（右图）云图

图 9-6　模型 C1 束缚水饱和度及残余油饱和度云图（红色为油相）

本节研究了不同界面张力系数作用下油水相对渗透率曲线的变化特点，模拟中油驱水过程采用相同的参数，因此水驱油过程模拟时具有相同的初始含水饱和度，相对渗透率曲线如图 9-7 所示。从图中可以看出，随着油水两相表面张力系数的降低，油水两相的相对渗透率均升高，残余油饱和度逐渐减小，采收率升高，这主要是由于表面张力系数的减小降低了毛细管力，狭窄孔喉处的油变得容易被驱替出来；同时当表面张力系数低于 0.01 时，采收率增幅降低，这主要是由于过低的界面张力导致水驱突破时间缩短，影响了驱替效果的进一步提升。以上结果表明低表面张力系数可以有效提升采收率，但也会导致注入水的提前突破而影响注水效率。

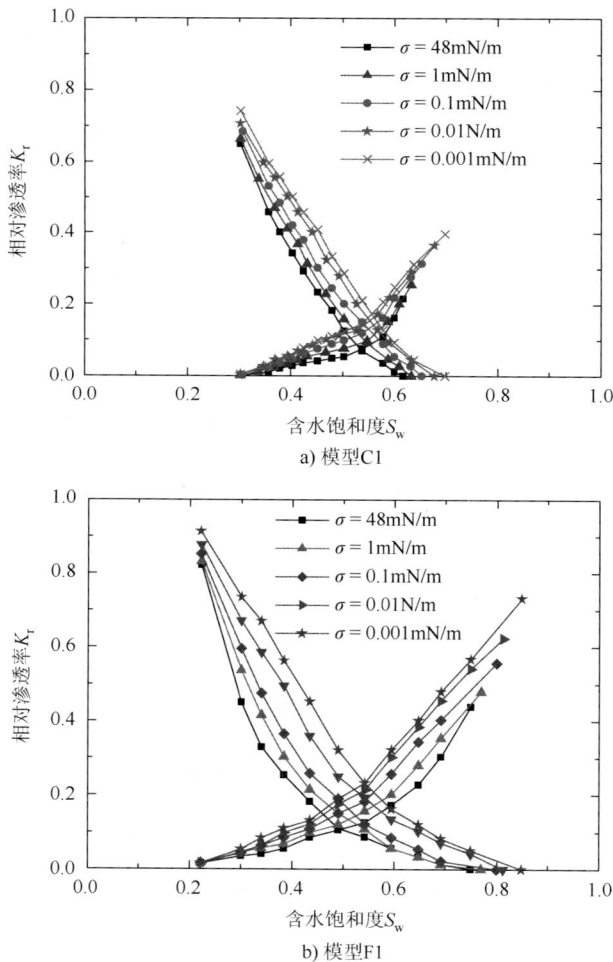

a) 模型C1

b) 模型F1

图 9-7　不同表面张力系数同条件下模型相对渗透率曲线

2. 驱替相（水）黏度对水驱油的影响

在水驱开发过程中，驱替相（水）的黏度一直是诸多学者的关注热点。本节基于模型 C1 和 F1 的结构化网格模型，分析了不同驱替相黏度对油水相对渗透率曲线的影响，模拟中采用相同的初始含水饱和度，油水物性参数如表 9-3 所示。

表 9-3　油水物性参数

| 流体 | 密度 /(kg/m³) | 黏度/cP | 表面张力系数 /(mN/m) | 接触角 θ_w | | 系数 n_r | 系数 $\Phi \times 10^{-23}$ | 注水速度 $u_w \times 10^{-3}$（mL/min） |
				油驱水	水驱油			
油	890	48	1	[10, 40]	[30, 60]	5^3	$\Phi_w \in [100, 15000]$ $\Phi_o \in [1, 150]$	2
水	1200	—						

模拟得到的相对渗透率曲线如图 9-8 所示，从中可以看出，随着注入水黏度的升高，水的流动能力降低，油水推进前沿速度减缓，油水的相对渗透率均有所下降，油水两相共渗区面积减小；但由于减弱了水的突进效应，残余油饱和度逐渐降低。这表明较高的驱替相黏度有助于采收率的提高，但对产油效率不利。

3. 注水速率对水驱油的影响

注水速率（压力）的合理设计在油田开发中具有重要意义，通常情况下提升注水速度（压力）有助于提高注水开发效率，但也要考虑岩体的破裂压力、含裂缝储层的注入水窜流、高含水率等因素对储层结构的影响及经济成本的问题，因此现阶段普遍认为注水开发存在最优的驱替速率。本节基于模型 C1 和 F1 的结构化网格模型，分析了不同注水速度对油水相对渗透率曲线的影响，模拟中采用相同的初始含水饱和度，油水物性参数如表 9-4 所示。

模拟得到的相对渗透率曲线如图 9-9 所示，从中可以看出，随着注水速度（压力）的升高，注入水的推进速度加快，微流边界层中的不流动流体减少，油水相对渗透率均有所提升，残余油饱和度逐渐降低；与注入水速度相差 10 倍条件下的油水相对渗透率曲线对比表明，不考虑流-固耦合情况下相对渗透率曲线随注水速率的变化不大，但与实验结果有一定的差距。本书作者认为注入水速度（压力）的提高对模型的应力敏感性作用较大，在一定程度上扩张了孔喉尺寸，尤其是狭窄喉道部分，提升了模型的渗流能力，促进了水驱开发效果。

a) 模型C1

b) 模型F1

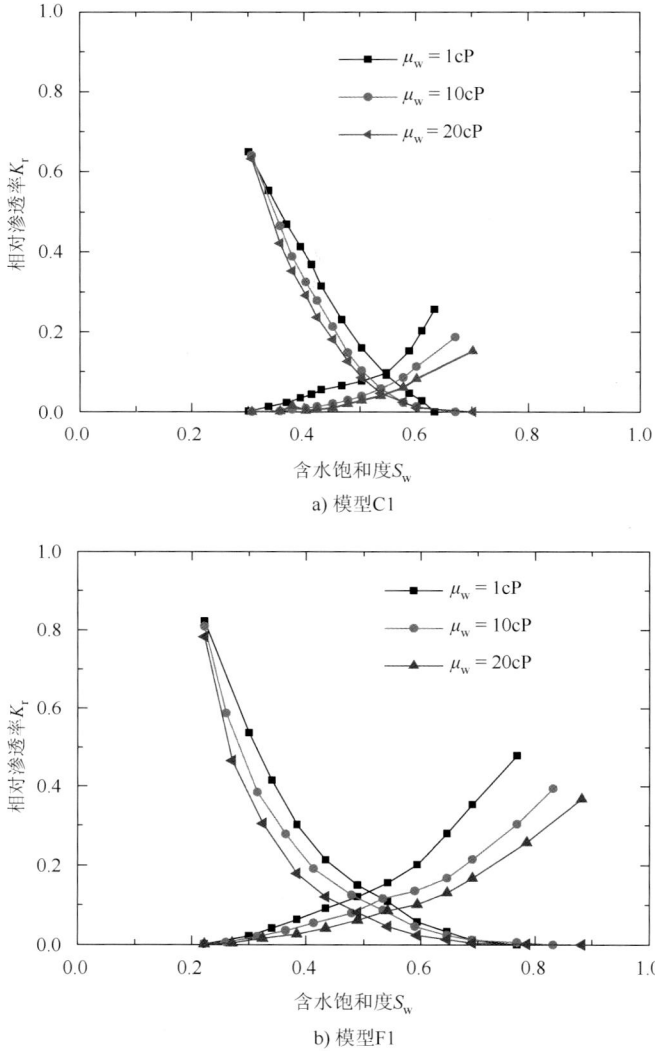

图 9-8　不同驱替相黏度条件下模型的油水相对渗透率曲线

表 9-4　油水物性参数

| 流体 | 密度/(kg/m³) | 黏度/cP | 表面张力系数/(mN/m) | 接触角 θ_w | | 系数 n_τ | 系数 $\Phi \times 10^{-23}$ | 注水速度 u_w（mL/min） |
				油驱水	水驱油			
油	890	48	1	[10, 40]	[30, 60]	5^3	$\Phi_w \in [100, 15000]$ $\Phi_o \in [1, 150]$	—
水	1200	1						

a) 模型C1

b) 模型F1

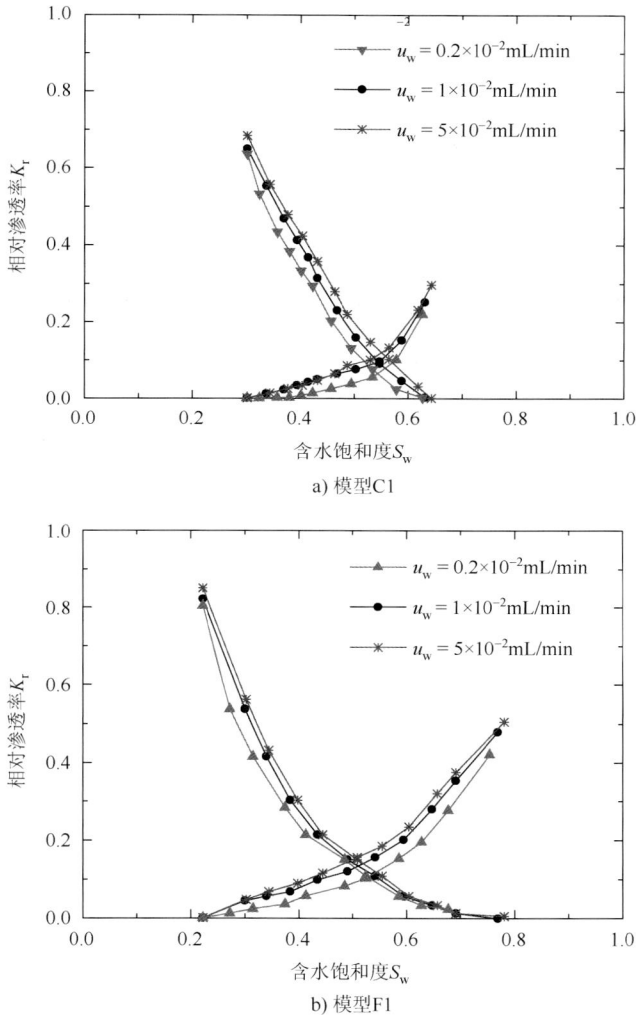

图 9-9　不同驱替速度条件下模型相对渗透率曲线

4. 毛细管数对水驱油的影响

在水驱油过程中残余油的形成主要受到两方面的影响：黏滞力和毛细管力。黏滞力的大小取决于流体黏性系数，毛细管力则与两相表面张力和固体表面的润湿性有关；同时，驱替相的黏度和两相表面张力在油田开发化学驱的实际应用中往往是同时变化的。为此许多学者将流体黏性系数、表面张力系数和驱替速度的影响综合考虑，提出了毛细管准数，将其定义为

$$N_{\mathrm{C}} = \frac{\mu_{\mathrm{w}} u_{\mathrm{w}}}{\phi \sigma_{\mathrm{ow}}} \tag{9-1}$$

其中，$\mu_{\rm w}$ 为水的黏性系数，$u_{\rm w}$ 为水的渗流速度，ϕ 为岩样孔隙度，$\sigma_{\rm ow}$ 为油水界面张力系数。

本节基于模型 C1 和 F1 的结构化网格模型，分析了不同毛细管准数条件下油水相对渗透率曲线的变化规律，模拟中采用相同的初始含水饱和度，油水物性参数如表 9-5 所示。其中，模型 C1 和 F1 所采用的驱替参数见表 9-6、表 9-7。

表 9-5 油水物性参数

流体	密度/(kg/m³)	接触角 $\theta_{\rm w}$		非均质性系数 $n_{\rm r}$	系数 $\Phi \times 10^{-23}$
		油驱水	水驱油		
油	890	[10, 40]	[30, 60]	$5^3 = 125$	$\Phi_{\rm w} \in [100, 15000] \Phi_{\rm o} \in [1, 150]$
水	1200				

表 9-6 模型 C1 参数表

注水速度 $u_{\rm w} \times 10^{-3}$（mL/min）	黏度/cP	表面张力系数/(mN/m)	毛细管准数 Ca
5	4	48	2.31×10^{-5}
6	5	10	1.66×10^{-4}
7	6	1	2.33×10^{-3}
8	7	0.1	3.10×10^{-2}
9	8	0.01	3.99×10^{-1}

表 9-7 模型 F1 参数表

注水速度 $u_{\rm w} \times 10^{-3}$/(mL/min)	黏度/cP	表面张力系数/(mN/m)	毛细管准数 Ca
1	4	48	1.8×10^{-5}
1.5	5	10	1.62×10^{-4}
2	6	1	2.59×10^{-3}
2.5	7	0.1	3.78×10^{-2}
3	8	0.01	5.19×10^{-1}

　　模拟得到了模型 C1 和 F1 在不同毛细管准数条件下的相对渗透率曲线，如图 9-10 所示。从图中可以看出，随着毛细管准数的升高，油水相对渗透率呈现上升趋势，两相共渗区面积增大，其中水相端点处相对渗透率增幅较大，这表明在两相渗流过程中驱替相的注入速率和两相界面张力对油水渗流过程影响较大；同时残余油饱和度降低，采收率升高。残余油饱和度随毛细管准数的变化曲线如图 9-11 所示，从图中可以看出，当毛细管准数在 10^{-4} 以下时，残余油饱和度下降缓慢；在区间（10^{-4}，10^{-1}）时残余油饱和度迅速下降；当毛细管准数大于 0.1 时，有效孔隙中的残余油饱和度几乎为 0，此时残余油主要分布在模型的孤立孔隙中。

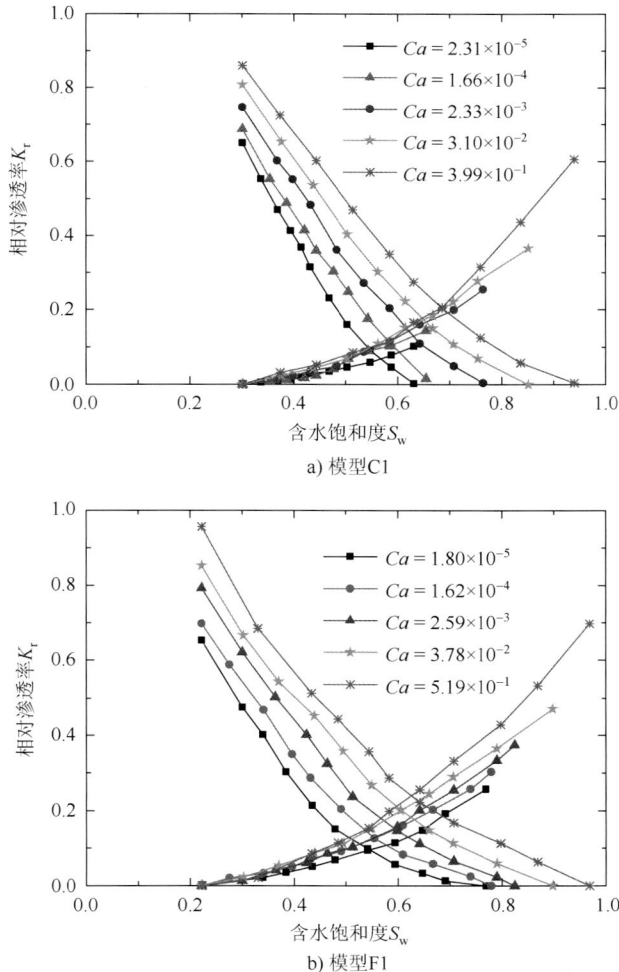

a) 模型C1

b) 模型F1

图 9-10　不同毛细管准数条件下模型的相对渗透率曲线

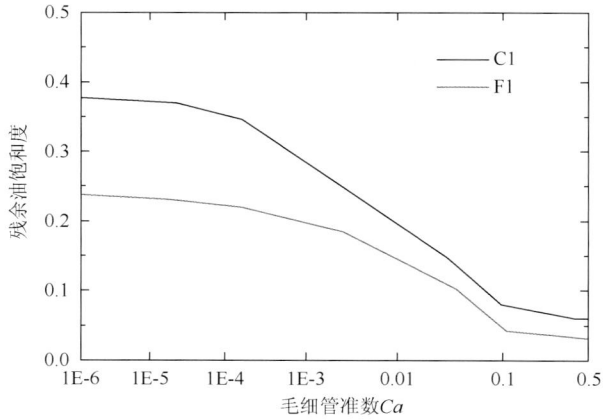

图 9-11　模型 C1 和 F1 的残余油饱和度随毛细管准数的变化曲线

9.1.3　岩石润湿性的影响

本节基于 C1 和 F1 的结构化网格模型，分别模拟了模型在强亲水（接触角[0°，30°]）、弱亲水（接触角[40°，80°]）、中间润湿性（接触角[80°，100°]）、弱亲油（接触角[100°，140°]）、强亲油（接触角[150°，180°]）条件下的水驱油过程；对于强润湿性模型，给定强润相边界层系数 Φ 的取值区间为[10000，15000]×10^{-23}，非润湿相为[100，1000]×10^{-23}；对于弱润湿性模型，润湿相为[5000，10000]×10^{-23}，非润湿相[1000，5000]×10^{-23}；对于中间润湿性模型，油水两相均取[100，15000]×10^{-23}；对于水相采用较小的润湿角对应较高的系数 Φ，油相则是以较大的润湿角对应较高的系数 Φ。模拟中采用相同的初始含水饱和度，油水物性参数如表 9-8 所示。

表 9-8　油水物性参数

流体	密度/(kg/m³)	黏度/cP	表面张力系数/(mN/m)	接触角 θ_w(°)		系数 n_r	$u_w \times 10^{-3}$（mL/min）	
				油驱水	水驱油		C1	F1
油	890	48	1	[10，40]	—	5^3	5	1
水	1200	4						

模拟得到了不同润湿条件下模型 C1 和 F1 的相对渗透率曲线，如图 9-12 所示。从图中可以看出，模型润湿性对油水驱替过程影响显著，随着润湿角的增大即模型由亲水向亲油转变，固体壁面对水相的吸附能力减弱，流动阻力下降，因此水相的相对渗透率呈现上升趋势；相反地，由于模型向亲油性转变，壁面对油相的吸附能力增强，油相的相对渗透率呈下降趋势。同时，在强亲水模型中，油水相

对渗透率曲线交叉点的含水饱和度高于 0.5；随着模型由亲水向亲油转变，交点含水饱和度逐渐减小。同时，以模拟结果为基础，绘制了不同润湿性条件下模型 C1 和 F1 的采收率曲线，如图 9-13 所示，从中可以看出，中间润湿性及弱水湿模型的采收率最高，弱亲油次之，强润湿性模型采收率最低；且强亲油模型采收率低于强亲水模型。这主要由于不同润湿性模型中驱替过程及残余油的形成机理不同：在强亲水模型中，驱替相沿固体壁面推进，在较大孔隙中易出现水膜推进后，而孔隙中的油还未被驱替完的现象，造成了油的卡段，这种现象亦常见于被小孔喉链所包围的大孔隙中，引起了较多的残余油；而在强亲油介质中，注入水主要沿流动阻力最小的大孔喉链的中间向前突进，突破后大部分水沿该流通道窜走，造成了较高的残余油饱和度；而弱润湿性和中间润湿性模型中的以上两种效应均较弱，因而最终采收率较高。

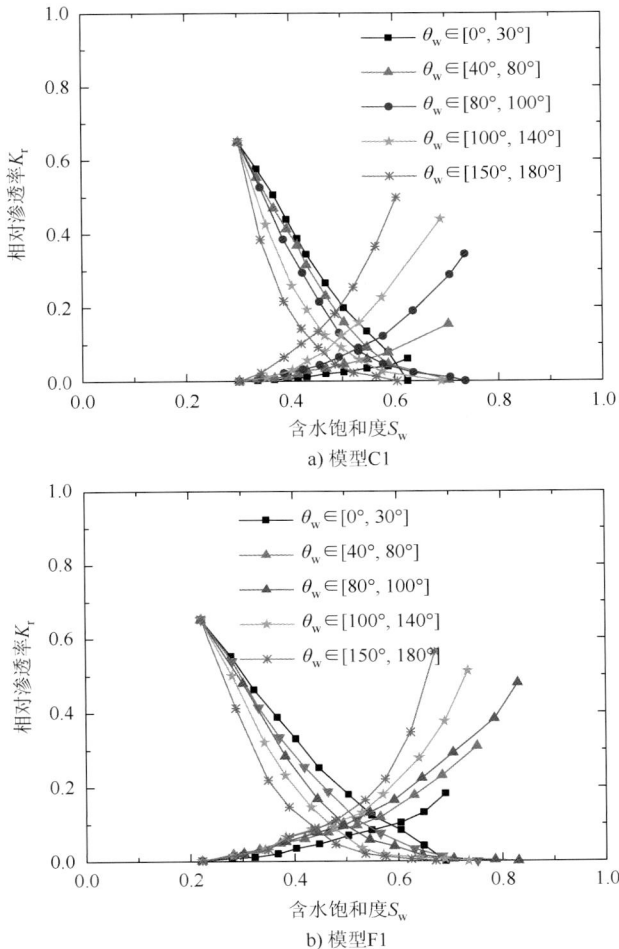

a) 模型C1

b) 模型F1

图 9-12　不同润湿性条件下模型相对渗透率曲线

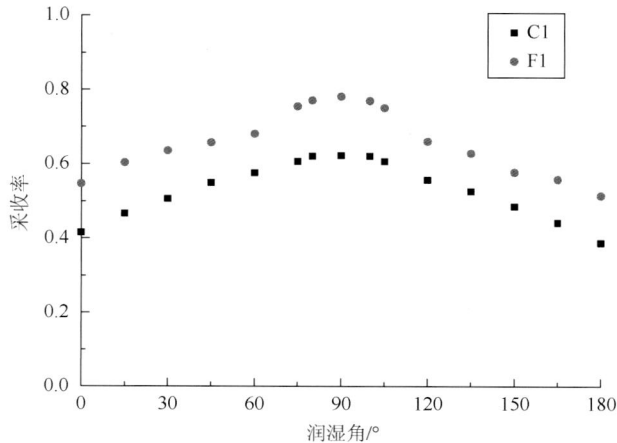

图 9-13　模型 C1 和 F1 采收率随润湿角的变化关系

9.2　热-流-固耦合数值模拟

在微尺度岩石模型中,岩石包含骨架模型和孔隙模型两部分,热-流-固三个物理场的耦合作用将分别对骨架和孔隙产生影响:应力的作用将引起岩石骨架变形,进而导致流体流通区域(孔隙)的形状及尺寸,而孔隙内部流体流动又以孔隙压力的形式改变骨架受到的有效应力,从而影响了骨架的变形量;温度的变化将并引起固体骨架的热应变从而导致骨架的变形乃至破裂,而固体骨架的变形量又将影响温度场的分布情况;流体流动将以对流换热的形式改变壁面处的温度分布,进而影响骨架的热传导过程,温度的变化将引起流体对流项和孔隙流体物性参数(如流体黏性系数)的变化。这一过程是一个动态平衡的过程。本书以 ANSYS 和 CFX 软件为基础,开展了热-流-固三场耦合的数值模拟研究。

9.2.1　模型边界条件

固体变形过程的求解在 ANSYS 中进行,流体场的求解在 CFX 软件中进行,以 Workbench 平台为基础,分别施加岩石骨架与流体流场的边界条件。以岩样 MS1 的结构化网格模型为例,其边界条件如图 9-14 所示:岩石骨架四个侧面施加围压(图 9-14b),流体场上下表面施加进出口压力,流体与固体骨架交界面定义为流-固耦合界面(图 9-14c);由于文中采用的模型尺寸为 0.75～2mm,固体上的温度梯度可以忽略不计,而固体与流体之间的热交换也在极短的时间达到热平衡,本书主要考虑不同温度下固体产生的热应变对模型孔隙结构、渗透率及水驱油效果的影响，因此对固体骨架设置恒定温度边界条件。流-固耦合的求解迭代从流体场计算开始，并将计算得到的孔隙压力传递给固体变形求解器；固体求解器将计算得到的边界节点变形量传递给流体场壁面，直至迭代收敛。模拟中假设岩石为理想 Von-Mises 屈服各向同性强化的弹塑性材料。

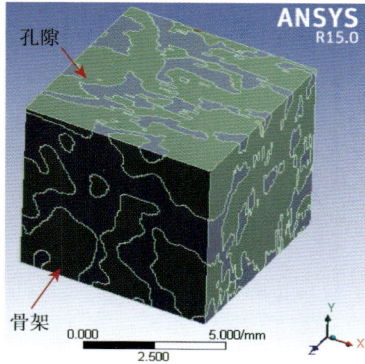

a) 岩样MS1孔隙及固体骨架装配示意图

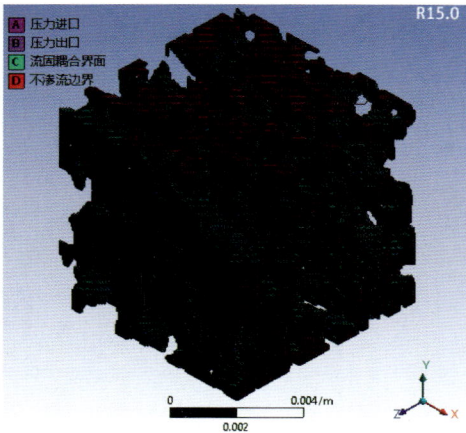

b) 岩样MS1流体域边界条件

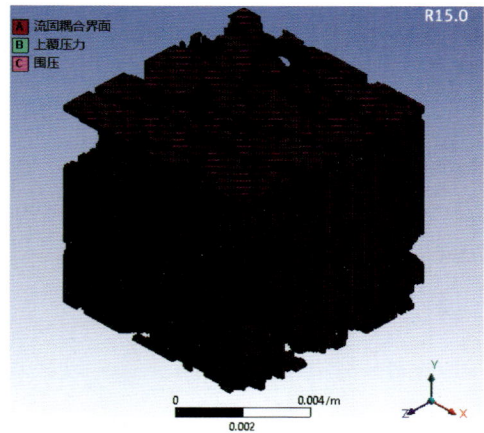

c) 岩样MS1固体骨架边界条件

图 9-14　模型边界条件示意图

9.2.2　应力和温度对孔隙结构演化及渗透率的影响

基于上述模型，本节开展了岩石微米尺度热-流-固三场耦合的数值模拟研究，分别研究了应力及温度作用下岩石微孔隙结构的变化规律及其对岩石渗透率的影响。模拟采用的岩石力学参数由岩石微米压痕实验测得，岩样的导热系数和膨胀系数分别采用经验值[280]，如表 9-9 所示。

表 9-9　岩石物性参数表

岩样编号	密度/(kg·m⁻³)	弹性模量/GPa	泊松比	屈服强度/MPa	膨胀系数/×10⁻⁵℃⁻¹
B1	2100	18.43	0.225	92.9	3.5
C1	2700	76.26	0.24	250	6
MS1	2300	14.19	0.31	81	5
S6	2500	9.35	0.29	67	6

1. 有效应力对孔隙结构演化及渗透率影响

本节以岩样 B1、C1、MS1 和 S6 的结构化网格模型为基础，研究了不同围压条件下模型孔隙特征的演化规律。模型 MS1 在孔隙流体进口压力为 10MPa、围压 $P_{co} = 30$MPa 条件下的弹性应变和塑性应变如图 9-15 所示，从图中可以看出，由于岩石微观孔隙结构特征的复杂性和非均质性，岩石出现了应力集中的情况，其应变分布也呈现非均质的特征；同时在 30MPa 的围压作用下，模型局部呈现塑性变形，多在岩石骨架薄弱区域。

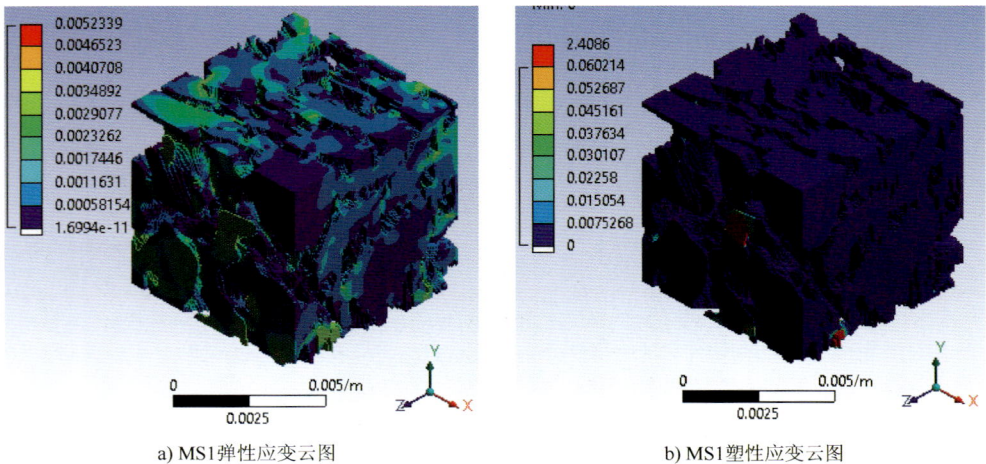

a) MS1弹性应变云图　　　　　　　　b) MS1塑性应变云图

图 9-15　孔隙压力 $P_p = 10$MPa，围压 $P_{co} = 30$MPa 条件下模型弹塑性应变云图

模型孔隙度随围压 P_{co} 的变化规律曲线如图 9-16 所示，从图中可以看出，随

着围压的增大（相当于有效应力的增大），模型孔隙度呈现下降趋势，但当围压大于 30MPa 时下降趋势变缓，说明岩石内部发生塑性变形的区域增多；同时模型孔隙度的下降幅度与岩样的弹性模量呈负相关关系，岩石的弹性模量越大（如模型 C1），其孔隙度下降速度越缓慢，反之亦然。

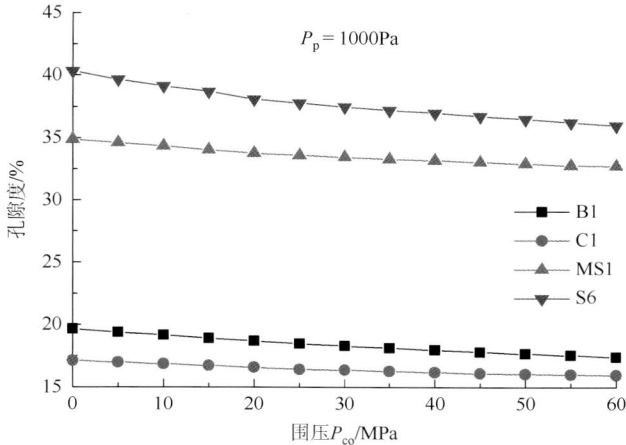

a) 模型孔隙度随围压的变化曲线

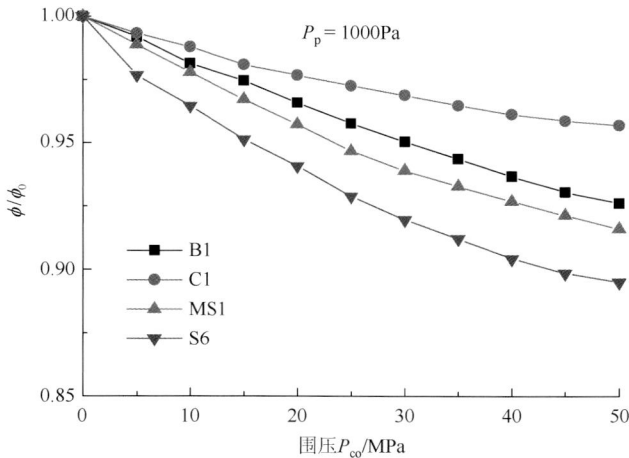

b) 模型 ϕ/ϕ_0 随围压的变化曲线

图 9-16　孔隙压力不变，模型孔隙度随围压 P_{co} 的变化规律

在相同的假设条件下,模型渗透率随围压的变化规律曲线如图 9-17 所示,从图中可以看出，在孔隙压力一定的条件下，随着围压的升高，模型渗透率呈现下降趋势；且下降幅度与模型的弹性模量有关；同时渗透率的下降速度逐渐减小，这主要是由于当岩石骨架出现塑形变形后，理想 Von-Mises 屈服

各向同性强化弹塑性材料的假设使塑性区的应变不再增大，对渗透率的影响逐渐减弱。

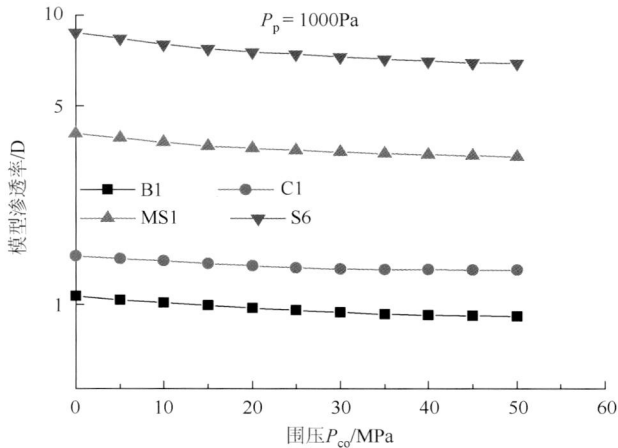

a) 模型渗透率随围压的变化曲线

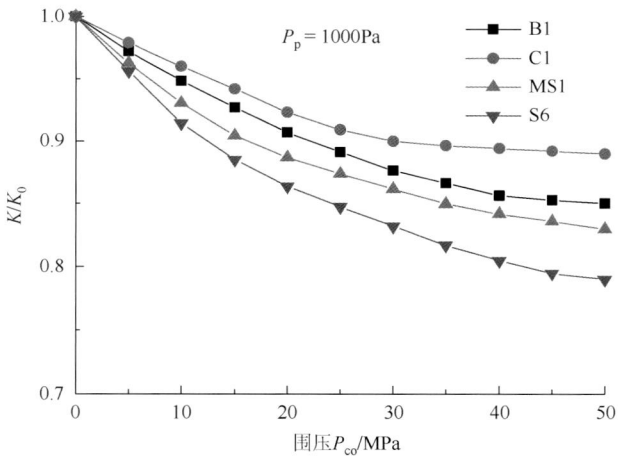

b) K/K_0 随围压的变化曲线

图 9-17　孔隙压力不变，模型渗透率随围压 P_{co} 的变化规律

　　同时，对比渗透率变化与孔隙度变化的关系曲线（图 9-18）可以看出，相同围压条件下渗透率的下降速度高于孔隙度的下降速度，以模型 S6 为例，当围压为 50MPa 时，孔隙度下降了 10.5%，而渗透率下降了 21%，这说明模型渗透率对围压的敏感性较强。

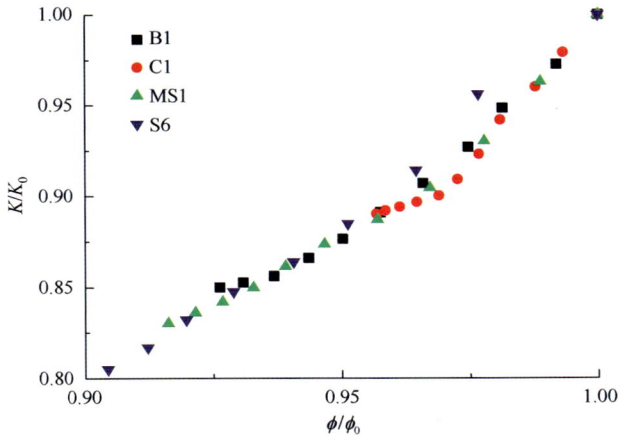

图 9-18 孔隙压力不变，渗透率与孔隙度变化关系曲线

2. 温度对孔隙结构及渗透率的影响

本节模拟了当围压（20MPa）和孔隙压力（5MPa）一定时，温度对模型孔隙结构和水驱油效果的影响规律，由于未考虑岩石热塑性引起的裂缝萌生等因素，选取的温度研究范围为 20℃～100℃。模型 MS1 在 100℃温度下产生的热应力及变形量云图如图 9-19 所示。模型孔隙度随温度的变化曲线见图 9-20，从图中可以看出，随着温度的升高，模型固体骨架膨胀使孔隙变小；在该温度范围内温度变化对模型孔隙度的影响不大，100℃与 20℃相比孔隙度下降幅度在 2%以内。

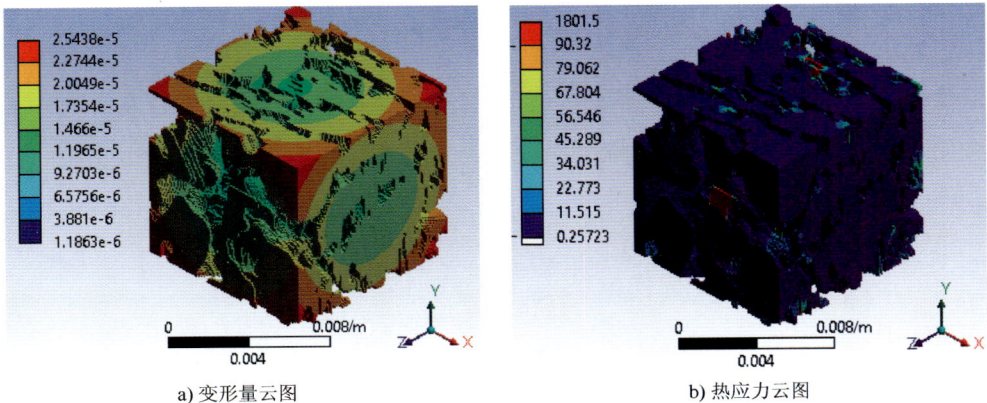

a) 变形量云图   b) 热应力云图

图 9-19 模型 MS1 在 100℃时变形量及热应力云图

模型渗透率随温度的变化曲线如图 9-21 所示，从图中可以看出，随着温度的升高，模型渗透率逐渐下降；模型 B1 和 C1 的对比结果表明，膨胀系数较大的模型渗透率对温度较为敏感；模型 C1 和 S6 的对比结果表明，温度对原始渗透率较小

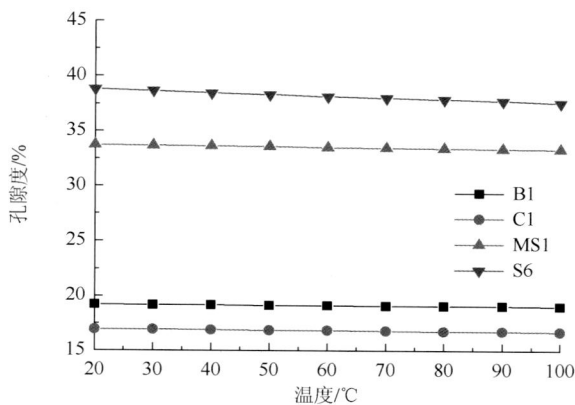

a) 模型孔隙度随温度的变化曲线

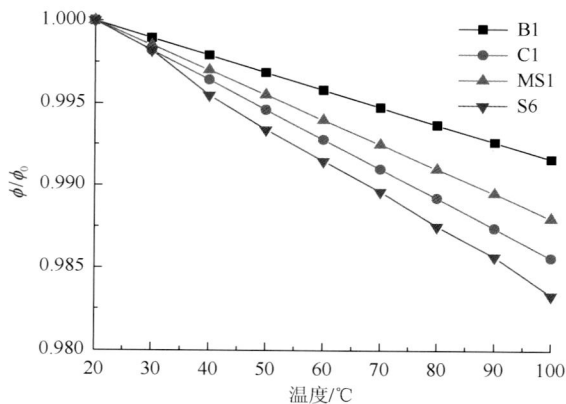

b) 模型 ϕ/ϕ_0 随温度的变化曲线

图 9-20　恒压条件下模型孔隙度随温度的变化关系

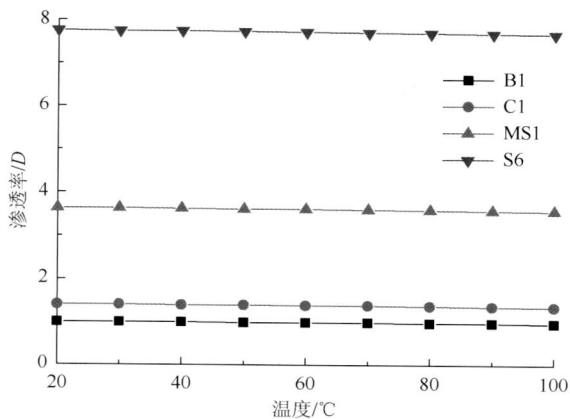

a) 模型渗透率随温度的变化曲线

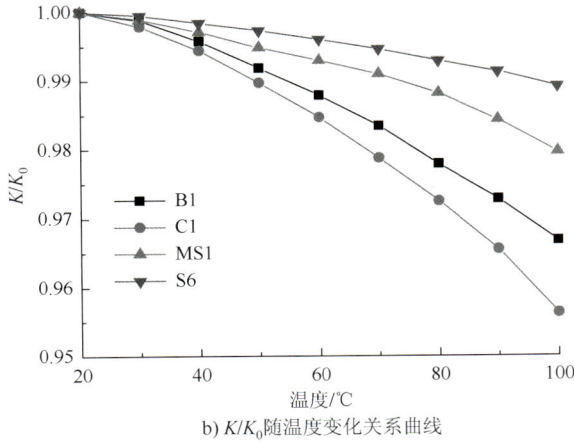

b) K/K_0 随温度变化关系曲线

图 9-21　温度对模型渗透率的影响

模型的影响更显著。这主要是因为温度对模型的大孔隙结构特征影响较小，但对岩石的狭窄喉道处影响较大，而模型的渗透率又主要受到喉道流通能力的限制，因此温度变化对渗透率的影响高于对孔隙度的影响，且模型渗透率越低，影响越明显。

以模拟结果为基础，绘制了模型 MS1 在孔隙压力一定的条件下（5MPa），模型沿 x、y、z 方向的渗透率随围压（10MPa～50MPa）和温度（20℃～100℃）的变化规律，如图 9-22 所示，从图中可以看出岩心渗透率在空间上的非均质性，模型沿 x、y、z 方向的渗透率随有效压力和温度的变化表明，孔隙尺寸越小，连通性越差，基准渗透率越低对温度和应力越敏感。

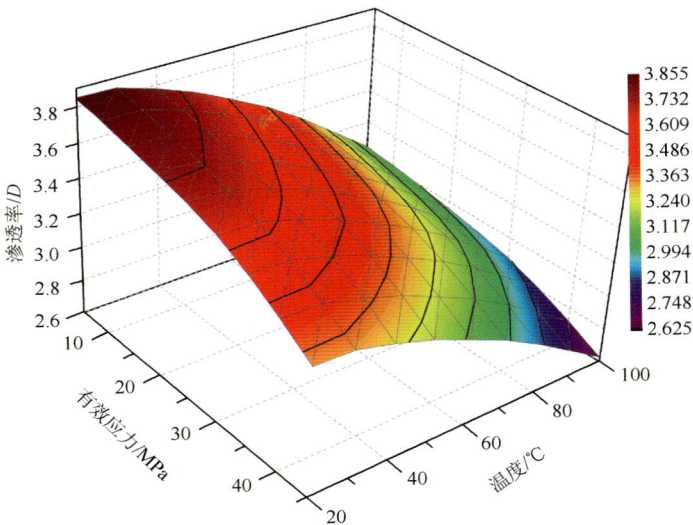

a) 沿 x 轴方向渗透率随孔隙压力和温度的变化

b) 沿y轴方向渗透率随孔隙压力和温度的变化

c) 沿z轴方向渗透率随孔隙压力和温度的变化

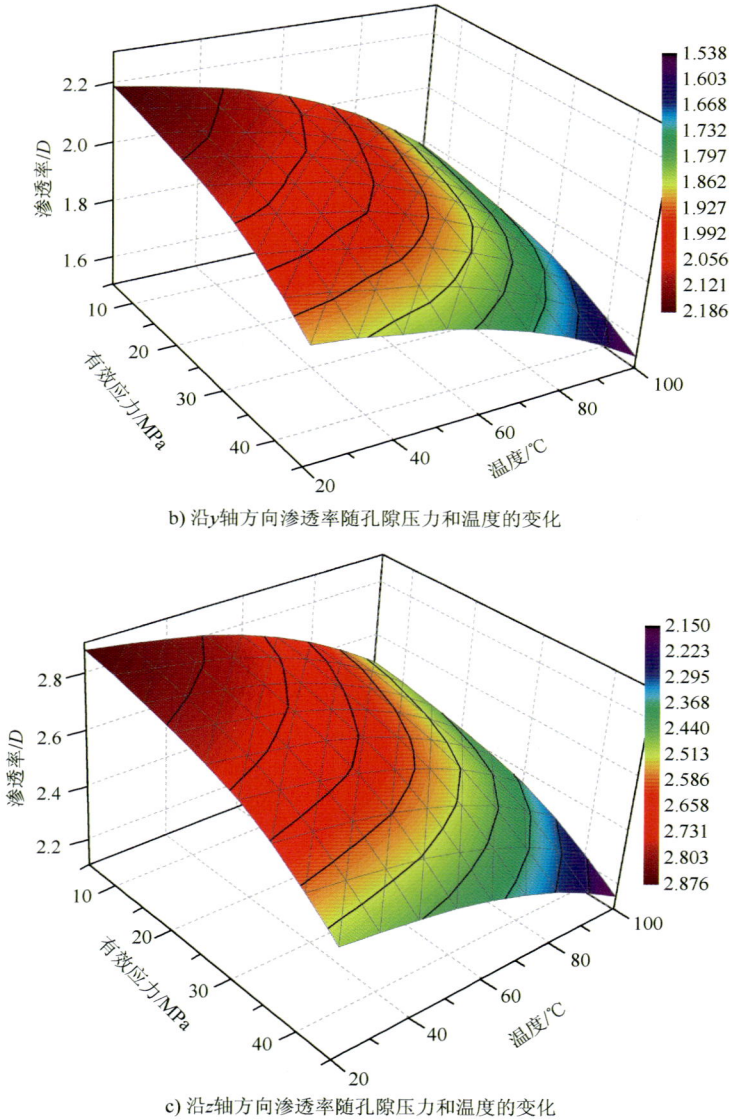

图 9-22　模型 MS1 沿 x，y，z 渗透率随有效压力和温度的变化云图

9.2.3　应力、温度对水驱油效果的影响

　　在油田注水开发过程中，注入水的压力及温度不仅影响着模型的孔隙结构和渗透率，更进一步影响了水驱油的效果，本节选取岩样 S5 和 MS1 作为研究对象，其中 S5 是孔喉尺寸较小、空间渗透率分布较不均质但连通性较好的砂岩，MS1 为孔喉

尺寸较大、连通性较好的岩心，空间渗透率非均质性较 S5 弱，结合岩心微尺度网格模型，分析了不同温度和应力条件下油水相对渗透率曲线和采收率的变化规律。

1. 应力对水驱油效果的影响

本节研究了恒定孔隙压力（1000Pa）、温度（20℃）条件下，不同围压对模型 S5 和 MS1 相对渗透率曲线的影响，模拟过程采用的油水物性参数如表 9-10 所示。

表 9-10　油水物性参数表

流体	密度/(kg/m³)	黏度/cP	表面张力系数/(mN/m)	接触角 θ_w		系数 n_r	系数 $\Phi \times 10^{-23}$	注水速度 $u_w \times 10^{-3}$（mL/min）
				油驱水	水驱油			
油	890	48	1	[10, 40]	[30, 60]	5^3	$\Phi_w \in [100, 15000]$	2
水	1200	1					$\Phi_o \in [1, 150]$	

模型相对渗透率曲线随围压的变化曲线如图 9-23 所示，从图中可以看出，孔隙压力一定的条件下，随着围压的增大（相当于有效应力增大），相对渗透率曲线的形状逐渐向右下方移动，油水共渗区面积逐渐缩小；同时油水等渗点向右移动，且水相在驱替结束时相对渗透率下降，这说明围压的增大使水相流动能力下降；油相的相渗曲线也呈现下降趋势，且下降幅度较水相大，残余油饱和度升高。这主要是由于随着有效应力的增大，模型中的狭窄喉道受到挤压变形，模型渗透率降低，油水两相的流动能力均下降；且随着有效应力的增大，喉道半径减小幅度变大甚至闭合，导致更多的残余油无法被驱替。模型 S5 和 MS1 的对比情况表明孔喉半径较小的模型对应力的敏感性更强。

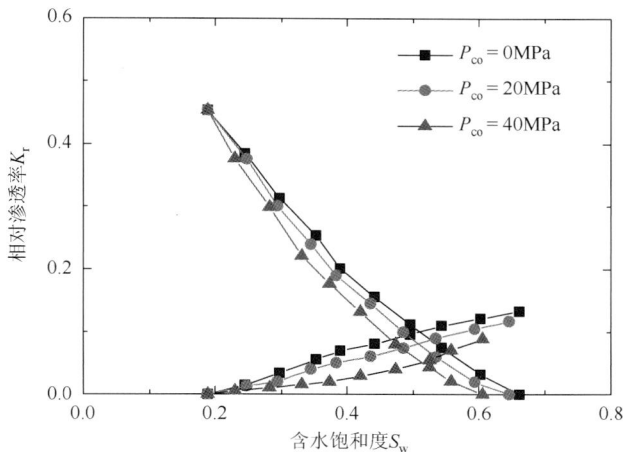

a) 围压对S5相对渗透率曲线的影响

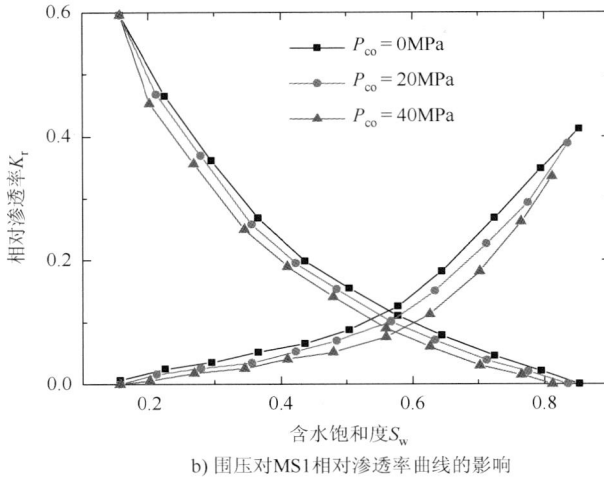

b) 围压对MS1相对渗透率曲线的影响

图 9-23　模型相对渗透率曲线随围压的变化曲线

2. 温度对水驱油效果的影响

在油水两相渗流过程中，温度的变化不仅影响了孔隙的结构特征，也决定了油水两相的黏度，为此本节研究了恒定孔隙压力（1000Pa）、围压（5MPa）条件下，不同温度对模型 S5 和 MS1 相对渗透率曲线的影响，模拟采用的油水物性参数见表 9-11 所示。模拟过程中所采用的流体介质主要为地层水及原油，地层水的黏温曲线依据水的黏温曲线给出，结合微流边界层理论修正近壁面区域的黏性系数，得出了微流道中水的黏性系数，如式（9-2）所示。

表 9-11　油水物性参数表

流体	密度/(kg/m³)	黏度/cP	表面张力系数/(mN/m)	接触角 θ_w		系数 n_r	系数 $\Phi \times 10^{-23}$	注水速度 $u_w \times 10^{-3}$（mL/min）
				油驱水	水驱油			
油	920	——	1	[10, 40]	[30, 60]	5^3	$\Phi_w \in [100, 15000]$ $\Phi_o \in [1, 150]$	2
水	1200	——						

$$\mu_w = \frac{\mu'_w + \Phi / l_d^n}{1 + 0.0337(T - 273) + 0.00022(T - 273)^2} \qquad (9-2)$$

其中，μ'_w 为地层水 273K 时的动力黏度，当忽略掉温度变化对微流边界层的扰动，即在实际应用中采用不随温度变化的作用系数 Φ。

由于本书选用的岩心样品埋深均小于 3000m，地层温度小于 100℃，以 100 ℃以内普通稠油样品的黏温曲线为基础开展数值模拟，如图 9-24 所示。忽略温度变化对微流边界层的扰动，即在实际应用中采用不随温度变化的作用系数 Φ。在模拟过程中，流体温度由固体骨架的温度确定，由此得出相应温度下的油水黏性系数。

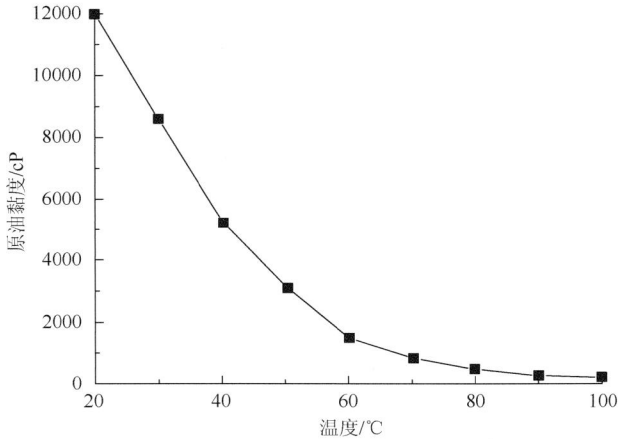

图 9-24　模拟采用的原油黏温关系曲线

根据原油的黏温关系曲线，基于宾汉流体的基本关系式，综合考虑微流边界层的影响，得到原油微流道中的流变关系式：

$$\tau = \tau_0 + \left(\mu_\mathrm{p} + \frac{\Phi}{l_\mathrm{d}^n} \right) \frac{\mathrm{d}u}{\mathrm{d}y} \tag{9-3}$$

其中，τ_0 和 μ_p 分别代表极限东切应力和结构黏度，可通过原油流变曲线拟合得出，例如：40℃时，$\tau_0 = 94.42$，$\mu_\mathrm{p} = 3266.9$。在数值模拟过程中，利用 UDF 实现式（9-2）及式（9-3）的编译。

模拟得到了不同温度下模型 S5 和 MS1 的相对渗透率曲线，如图 9-25 所示，从图中可以看出随温度的升高，油相流动能力升高，油相相对渗透率升高，曲线右端点和等渗点右移；束缚水饱和度升高，残余油饱和度下降。这主要是由于原油黏度随着温度的升高而降低，油水的流动能力均得到提升；同时油水流度比减小，弱化了水驱油过程中的黏性指进效应，提高了最终采收率。虽然温度的升高还会造成孔喉半径的缩小，影响驱油效果的提升，但结合图 9-25 可知，由于温度的升高引起的流体黏度降低对水驱油的提升效果高于孔径缩小带来的负面影响。

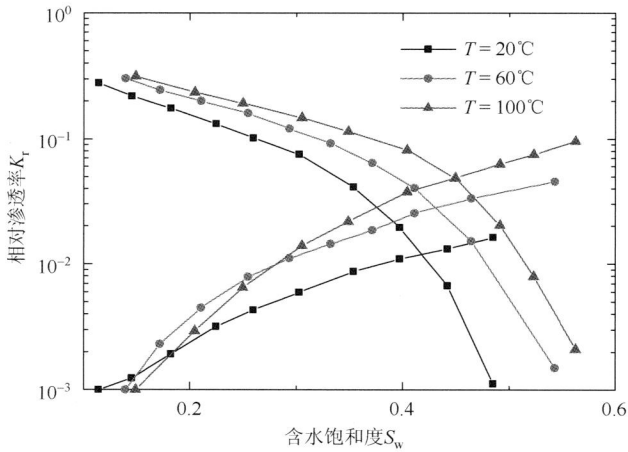

a) 不同温度模型S5相对渗透率曲线

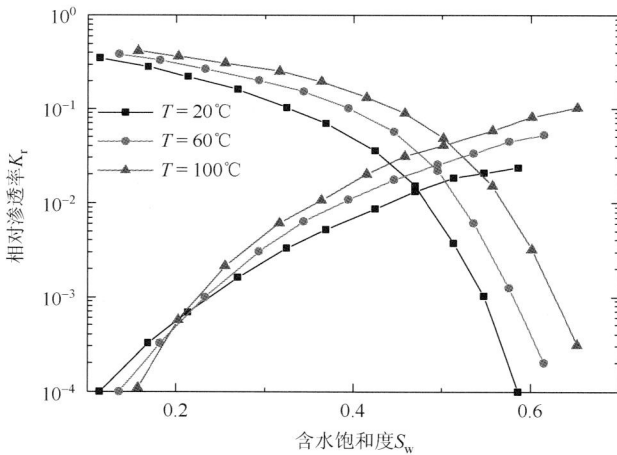

b) 不同温度模型MS1相对渗透率曲线

图 9-25　模型相对渗透率曲线随温度的变化

9.3　本　章　小　结

本章基于微尺度岩石结构化孔隙网格模型，模拟了水驱饱和油的驱替过程，分析了水驱替过程的微观指进现象和残余油分布规律，模拟了油藏形成及注水开发过程中的水驱油过程，分析了油水界面张力系数、注入水速率、黏度以及模型润湿性对水驱油过程的影响，研究了热-流-固三场耦合作用下应力和温度对模型孔隙结构演化、渗透率和水驱油效果的影响。研究表明：

（1）低表面张力系数可以有效提高采收率，但也会因为注入水的提前突破影响采收率的提高。较高的驱替相黏度有助于采收率的提高，但对产油效率不利，合理提高注水速度有利于采收率的提高。利用毛细管准数综合分析了表面张力系数、驱替相黏度和注水速度的影响机制，结果表明采收率随毛细管准数增大而升高，当毛细管数在区间（10^{-4}，10^{-1}）时，残余油饱和度迅速下降，当毛细管准数大于 0.1 时，有效孔隙中油相基本被驱替干净。

（2）模型的润湿性对油水相对渗透率曲线及采收率的影响较大，中间润湿性及弱水湿模型的采收率最高，弱亲油次之，强润湿性模型采收率最低，此外，强亲油模型采收率低于强亲水模型。

（3）在定温和围压恒定条件下，随着有效应力的增大，模型孔隙度及渗透率呈下降趋势，随着应力的增大下降幅度变缓，模型渗透率对应力的敏感性高于孔隙度；油水相对渗透率降低，油相下降幅度高于水相下降幅度；油水等渗点右移，共渗区面积减小，残余油饱和度升高，采收率下降。

（4）在围压和孔压一定条件下，随着模型温度升高，模型孔隙度和渗透率减小，但温度变化对渗透率的影响高于对孔隙度的影响，且模型渗透率越低，影响越显著；油相流动能力下降，油相相对渗透率降低，相对渗透率曲线右端点和等渗点右移；束缚水饱和度升高，残余油饱和度下降；温度升高引起的流体黏度降低对水驱油的提升效果高于孔径缩小带来的负面影响。

参 考 文 献

[1]　宋艳波. 低渗气藏岩石变形渗流机理及应用研究[D]. 北京：中国地质大学，2005.

[2]　李宏，田洪圆，刘建军. 水电工程坝肩高边坡岩体渗透特性的时空变化[J]. 西南石油大学学报：自然科学版，2015（3）：152-159.

[3]　白冰. 饱和多孔介质热-水-力控制方程耦合项的意义及耦合影响分析[J]. 岩土力学，2006，27（4）：519-524.

[4]　Oak M J. Three-phase relative permeability of water-wet Berea[C]//SPE/DOE Enhanced Oil Recovery Symposium. Society of Petroleum Engineers，1990.

[5]　Blunt M J. Flow in porous media-pore-network models and multiphase flow[J]. Current Opinion in Colloid & Interface Science，2001，6（3）：197-207.

[6]　涂富华，唐仁琪，韩锦文，等. 砂岩孔隙结构对水驱油效率影响的研究[J]. 石油学报，1983（02）：49-62.

[7]　祁庆祥. 砂岩储层某些孔隙结构参数与水驱油效率的对比关系[J]. 石油勘探与开发，1984（2）：56-63.

[8]　孙琳，王兵，蒲万芬，等. 热水对超低渗储集层微观孔喉结构的影响[J]. 西南石油大学学报：自然科学版，2015，37（1）：153-158.

[9]　S. Roels，J. Elsen，J. Carmeliet and H. Hens. Characterization of pore structure by combining mercury porosimetry and micrography[J]. Materials and Structures Materials at Constructions，2001，34（3）：76-82

[10]　刘小洪. 鄂尔多斯盆地上古生界砂岩储层的成岩作用研究与孔隙成岩演化分析[D].西安：西北大学，2008.

[11]　王乃军. 歧口凹陷中、新生界火成岩储层特征及储层发育控制因素[D]. 西安：西北大学, 2012.

[12]　张创，孙卫，高辉，等. 基于铸体薄片资料的砂岩储层孔隙度演化定量计算方法——以鄂尔多斯盆地环江地区长 8 储层为例[J]. 沉积学报，2014，32（2）：365-375.

[13]　刘辰生，于汪. 金湖凹陷西斜坡阜宁组灰岩段混积储层特征[J]. 西南石油大学学报：自然科学版，2015，37（4）：13-21.

[14]　Rigby S P. Theoretical Aspects of the Estimation of Pore and Mass Fractal Dimesnions of Porous Media on the Macroscopic Scale using NMR Imaging[J]. Chaos Solitons & Fractals，1998，9（9）：1519-1527.

[15]　Rangel-German，E.R. Water Infiltration in Fractured Porous Media：In-Situ Imaging，Analytical Model，and Numerical Study[D]. Palo Alto：Stanford University，2002.

[16]　Wang Kewen，Li Ning. Numerical simulation of rock pore-throat structure effects on NMR T_2 distribution[J]. Applied Geophysics，2008，5（2）：86-91.

[17]　H. Pape，J. Arnolda，R. Pechnig and C. Clauser. Permeability prediction for low porosity rocks by mobile NMR[J]. Pure and Applied Geophysics. 2009，166（5-7）：1125-1163

[18] Youssef S，Bauer D，Bekri S，et al. 3D in-situ fluid distribution imaging at the pore scale as a new tool for multiphase flow studies[C]//SPE annual technical conference and exhibition. Society of Petroleum Engineers，2010.

[19] 刘凡，姜汉桥，张贤松，等. 基于核磁共振的水平井开发孔隙动用机理研究[J]. 西南石油大学学报：自然科学版，2013，35（6）：99-103.

[20] 于俊波，郭殿军，王新强. 基于恒速压汞技术的低渗透储层物性特征[J]. 大庆石油学院学报，2006，.30（2）：22-25.

[21] 时宇，齐亚东，杨正明. 基于恒速压汞法的低渗透储层分形研究[J]. 油气地质与采收率，2009，16（2）：88-90.

[22] 王学武. 大庆外围特低渗透储层微观孔隙结构及渗流机理研究[D]. 廊坊：中国科学院研究生院，2010.

[23] Satoru Takahashi. Water Imbibition，Electrical Surface Forces，and Wettability of Low Permeability Fractured Porous Media[D]. Palo Alto：Stanford University，2010.

[24] 廖作方，孙军昌，杨正明，等. 低渗火山岩气藏可动流体百分数及其影响因素[J]. 西南石油大学学报：自然科学版，2014，36（1）：113-120.

[25] 钟思瑛，丁圣. 高邮. 凹陷南断阶沉积成岩对储层产能控制评价[J]. 西南石油大学学报：自然科学版，2016（1）：30-36.

[26] 张天刚. 扫描电镜对砂岩中黏土矿物的定位观察[J]. 矿物岩石，1981，1（6）：35-43.

[27] Clocchiatti R，Massare D，Jehanno C. Hydrothermal origin of Zabargad（St Johns）Red-Sea peridot gemstone as proved by their inclusions[J]. Bulletin De Mineralogie，1981，104（4）：354-360.

[28] 于丽芳，杨志军，周永章，等. 扫描电镜和环境扫描电镜在地学领域的应用综述[J]. 中山大学研究生学刊（自然科学、医学版），2008，29（1）：54-61.

[29] 姜文，唐书恒，龚玉红，等. 湘西北牛蹄塘组页岩气形成条件及有利区预测[J]. 西南石油大学学报：自然科学版，2014（5）：16-24.

[30] Uwins P J R，Baker J C，Mackinnon I D R. Calcite precipitation induced by clay-bleach cation exchange in andesitic reservoir rocks[J]. Journal of Petroleum Science and Engineering，1993，9（2）：95-101.

[31] Baker J C，Uwins P J R，Mackinnon I D R. Freshwater sensitivity of corrensite and chlorite/smectite in hydrocarbon reservoirs——an ESEM study[J]. Journal of Petroleum Science and Engineering，1994，11（3）：241-247.

[32] Huggett J M，Uwins P J R. Observations of water-clay reactions in water-sensitive sandstone and mudrocks using an environmental scanning electron microscope[J]. Journal of Petroleum Science and Engineering，1994，10（3）：211-222.

[33] Baker J C，Uwins P J R，Mackinnon I D R. ESEM study of authigenic chlorite acid sensitivity in sandstone reservoirs[J]. Journal of Petroleum Science and Engineering，1993，8（4）：269-277.

[34] Simanjuntak A B M，Haynes L L. ESEM Observations Coupled with Coreflood Tests Improve Matrix Acidizing Designs[C]//SPE Formation Damage Control Symposium. Society of Petroleum Engineers，1994.

[35] Al-Yami A S，Nasr-El-Din H A，Al-Shafei M A，et al. Impact of Water-Based Drilling-In

Fluids on Solids Invasion and Damage Characteristics[J]. SPE Production & Operations，2010，25（01）：40-49.

[36] Robin M，Combes R，Degreve F，et al. Wettability of Porous Media from Environmental Scanning Electron Microscopy：From Model to Reservoir Rocks[C]//International Symposium on Oilfield Chemistry. Society of Petroleum Engineers，1997.

[37] Barkay Z. Wettability study using transmitted electrons in environmental scanning electron microscope[J]. Applied Physics Letters，2010，96（18）：183109.

[38] 张廷山，伍坤宇，杨洋，等. 牛蹄塘组页岩气储层有机质微生物来源的证据[J]. 西南石油大学学报：自然科学版，2015，37（2）：1-10.

[39] Strand S，Standnes D C，Austad T. New wettability test for chalk based on chromatographic separation of SCN and SO$_2$[J]. Journal of Petroleum Science and Engineering，2006，52（1）：187-197.

[40] Shah S M，Yang J，Crawshaw J P，et al. Predicting Porosity and Permeability of Carbonate Rocks from Core-Scale to Pore-Scale Using Medical CT，Confocal Laser Scanning Microscopy and Micro CT[C]//SPE Annual Technical Conference and Exhibition. Society of Petroleum Engineers，2013.

[41] Lebedeva E，Senden T J，Knackstedt M，et al. Improved oil recovery from Tensleep sandstone–studies of brine-rock interactions by micro-CT and AFM[C]//IOR 2009-15th European Symposium on Improved Oil Recovery. 2009.

[42] Sumnu M D. A study of steam injection in fractured media[D]. Palo Alto Stanford University，1995.

[43] Zhang W S，Li B X，Wang H X，et al. Analysis of pore structures and their relations with strength of hardened cement paste[J]. Journal of Wuhan University of Technology-Mater. Sci. Ed.，2005，20（1）：114-117.

[44] Tsafnat N，Tsafnat G，Jones A S. Automated mineralogy using finite element analysis and X-ray microtomography[J]. Minerals Engineering，2009，22（2）：149-155.

[45] Sisk C，Diaz E，Walls J，et al. 3D visualization and classification of pore structure and pore filling in gas shales[C]//SPE Annual Technical Conference and Exhibition. Society of Petroleum Engineers，2010.

[46] 段永刚，曹廷宽，杨小莹，等. 页岩储层纳米孔隙流动模拟研究[J]. 西南石油大学学报：自然科学版，2015（3）：63-68.

[47] Fatt I. The network model of porous media I. Capillary pressure characteristics[J]，Trans. AIME，1956a，207（7）：144-159.

[48] Fatt I. The network model of porous media II. Dynamic properties of a single size tube network[J]，Trans. AIME，1956b，207：160-163.

[49] Fatt I. The network model of porous media III. Dynamic properties of networks with tube radius distribution[J]，Trans. AIME，1956c，207：164-181.

[50] Valvatne P H，Blunt M J. Predictive pore-scale modeling of two-phase flow in mixed wet media[J]. Water Resources Research，2004，40（7）：187-187.

[51] Øren P E，Bakke S. Process based reconstruction of sandstones and prediction of transport properties[J]. Transport in Porous Media，2002，46（2-3）：311-343.

[52] Dodd C G，Kiel O G. Evaluation of Monte Carlo methods in studying fluid–fluid displacements and wettability in porous rocks[J]. The Journal of Physical Chemistry，1959，63（10）：1646-1652.

[53] Singhal A K，Somerton W H. Network Model for The Study of Multiphase Flow Behavior in Porous Media[C]//SPE Rocky Mountain Regional Meeting. Society of Petroleum Engineers，1970.

[54] Dullien F A L，Chatzis I，El Sayed M S. Modelling transport phenomena in porous media by networks consisting of non-uniform capillaries[C]//SPE Annual Fall Technical Conference and Exhibition. Society of Petroleum Engineers，1976.

[55] Chatzis I，Dullien F A L. Modelling pore structure by 2-D and 3-D networks with application to sandstones[J]. Journal of Canadian Petroleum Technology，1977，16（01）：97-108.

[56] Purcell W R. Capillary pressures-their measurement using mercury and the calculation of permeability therefrom[J]. Journal of Petroleum Technology，1949，1（02）：39-48.

[57] Scheidegger A E. Physics of Flow Through Porous Media[M]. Toronto：University of Toronto，1963.

[58] Dullien F A L. Single phase flow through porous media and pore structure[J]. The Chemical Engineering Journal，1975，10（1）：1-34.

[59] 李中锋，何顺利. 低渗透储层原油边界层对渗流规律的影响[J]. 大庆石油地质与开发，2005，24（2）：57-59.

[60] Mala M，Li D. Flow characteristics of water in microtubes[J]. International Journal of Heat and Fluid Flow，1999，20（2）：142-148.

[61] 宋付权. 低渗透多孔介质和微管液体流动尺度效应[J]. 自然杂志，2004，26（3）：128-131.

[62] 徐绍良，岳湘安，侯吉瑞，等. 边界层流体对低渗透油藏渗流特性的影响[J]. 西安石油大学学报：自然科学版，2007，22（2）：26-28.

[63] 徐绍良，岳湘安，侯吉瑞. 去离子水在微圆管中流动特性的实验研究[J]. 科学通报，2007，52（1）：120-124.

[64] 刘卫东，刘吉，孙灵辉. 流体边界层对低渗透油藏渗流特征的影响[J]. 科技导报，2011，29（22）：42-44.

[65] 员美娟，郑伟. 单毛细管中卡森流体的分形分析[J]. 武汉科技大学学报：自然科学版，2012，35（3）：229-231.

[66] 员美娟. 分形毛细管中 Reiner-Philippoff 非牛顿流体的有效渗透率研究[J]. 武汉科技大学学报：自然科学版，2013，36（2）：158-160.

[67] Jerauld G R，Salter S J. The effect of pore-structure on hysteresis in relative permeability and capillary pressure：pore-level modeling[J]. Transport in Porous Media，1990，5（2）：103-151.

[68] Lowry M I，Miller C T. Pore-Scale Modeling of Nonwetting-Phase Residual in Porous Media[J]. Water Resources Research，1995，31（3）：455-473.

[69] Dixit A B，McDougall S R，Sorbie K S. A pore-level investigation of relative permeability hysteresis in water-wet systems[C]//SPE International Symposium on Oilfield Chemistry，1997.

[70] Bryant S，Blunt M. Prediction of relative permeability in simple porous media[J]. Physical Review A，1992，46（4）：2004-2011.

[71] Bryant S，Raikes S. Prediction of elastic-wave velocities in sandstones using structural models[J]. Geophysics，1995，60（2）：437-446.

[72] Bryant S L，King P R，Mellor D W. Network model evaluation of permeability and spatial correlation in a real random sphere packing[J]. Transport in Porous Media，1993，11（1）：53-70.

[73] Øren P E，Bakke S，Arntzen O J. Extending predictive capabilities to network models[J]. SPE Journal，1998，3（04）：324-336.

[74] Patzek T W. Verification of a complete pore network simulator of drainage and imbibition[J]. Spe Journal，2001，6（02）：144-156.

[75] Piri M，Blunt M J. Three-dimensional mixed-wet random pore-scale network modeling of two-and three-phase flow in porous media. I. Model description[J]. Physical Review E，2005，71（2）：026301.

[76] 叶礼友. 基于 N-S 方程的孔隙介质渗流数值模拟[D]. 武汉：武汉工业学院，2008.

[77] Varloteaux C，Békri S，Adler P M. Pore network modelling to determine the transport properties in presence of a reactive fluid：From pore to reservoir scale[J]. Advances in Water Resources，2013，53（2）：87-100.

[78] Békri S，Vizika O. Pore-network modeling of rock transport properties：application to a carbonate[C]//International Symposium of the Society of Core Analysts，Trondheim，Norway，Sept. 2006：12-16.

[79] Wu R，Zhu X，Liao Q，et al. Determination of oxygen effective diffusivity in porous gas diffusion layer using a three-dimensional pore network model[J]. Electrochimica Acta，2010，55（24）：7394-7403.

[80] Zhao H Q，Macdonald I F，Kwiecien M J. Multi-orientation scanning：a necessity in the identification of pore necks in porous media by 3-D computer reconstruction from serial section data[J]. Journal of Colloid and Interface Science，1994，162（2）：390-401.

[81] Baldwin C A，Sederman A J，Mantle M D，et al. Determination and characterization of the structure of a pore space from 3D volume images[J]. Journal of Colloid and Interface Science，1996，181（1）：79-92.

[82] Lindquist W B，Lee S M，Coker D A，et al. Medial axis analysis of void structure in three - dimensional tomographic images of porous media[J]. Journal of Geophysical Research：Solid Earth，1996，101（B4）：8297-8310.

[83] Liang Z，Ioannidis M A，Chatzis I. Geometric and topological analysis of three-dimensional porous media：Pore space partitioning based on morphological skeletonization[J]. Journal of Colloid and Interface Science，2000，221（1）：13-24.

[84] Lindquist W B，Venkatarangan A. Investigating 3D geometry of porous media from high resolution images[J]. Physics and Chemistry of the Earth，Part A：Solid Earth and Geodesy，1999，24（7）：593-599.

[85] Prodanović M，Lindquist W B，Seright R S. Porous structure and fluid partitioning in polyethylene cores from 3D X-ray microtomographic imaging[J]. Journal of Colloid and Interface Science，2006，298（1）：282-297.

[86] Shin H，Lindquist W B，Sahagian D L，et al. Analysis of the vesicular structure of basalts[J]. Computers & geosciences，2005，31（4）：473-487.

[87] Sheppard A P, Sok R M, Averdunk H. Improved pore network extraction methods[C]//International Symposium of the Society of Core Analysts. 2005.

[88] Silin D B, Jin G, Patzek. Robust determination of the pore space morphology in sedimentary rocks[C]//Proceedings of SPE Annual Technical Conference and Exhibition. 2003.

[89] Silin D, Patzek T. Pore space morphology analysis using maximal inscribed spheres[J]. Physica A: Statistical Mechanics and its Applications, 2006, 371（2）: 336-360.

[90] Al-Kharusi A S, Blunt M J. Network extraction from sandstone and carbonate pore space images[J]. Journal of Petroleum Science and Engineering, 2007, 56（4）: 219-231.

[91] Dong H, Blunt M J. Pore-network extraction from micro-computerized-tomography images[J]. Physical Review E, 2009, 80（3）: 036307.

[92] Zhao X, Blunt M J, Yao J. Pore-scale modeling: Effects of wettability on waterflood oil recovery[J]. Journal of Petroleum Science and Engineering, 2010, 71（3）: 169-178.

[93] Raeesi B, Piri M. The effects of wettability and trapping on relationships between interfacial area, capillary pressure and saturation in porous media: A pore-scale network modeling approach[J]. Journal of Hydrology, 2009, 376（3）: 337-352.

[94] Bauer D, Youssef S, Fleury M, et al. Improving the estimations of petrophysical transport behavior of carbonate rocks using a dual pore network approach combined with computed microtomography[J]. Transport in Porous Media, 2012, 94（2）: 505-524.

[95] Jamshidi S, Boozarjomehry R B, Pishvaie M R. Application of GA in optimization of pore network models generated by multi-cellular growth algorithms[J]. Advances in Water Resources, 2009, 32（10）: 1543-1553.

[96] Nejad Ebrahimi A, Jamshidi S, Iglauer S, et al. Genetic algorithm-based pore network extraction from micro-computed tomography images[J]. Chemical Engineering Science, 2013, 92: 157-166.

[97] Mason G, Morrow N R. Capillary behavior of a perfectly wetting liquid in irregular triangular tubes[J]. Journal of Colloid and Interface Science, 1991, 141（1）: 262-274.

[98] Ye L Y, Liu J J, Xue Q, et al. Numerical simulation of Microcosmic flow in fracture-cavity carbonate reservoir based on NS equation[J]. Journal of China university of geosciences, 2007, 18: 510-512.

[99] Gunde A C, Bera B, Mitra S K. Investigation of water and CO_2（carbon dioxide）flooding using micro-CT（micro-computed tomography）images of Berea sandstone core using finite element simulations[J]. Energy, 2010, 35（12）: 5209-5216.

[100] Wiederkehr T, Klusemann B, Gies D, et al. An image morphing method for 3D reconstruction and FE-analysis of pore networks in thermal spray coatings[J]. Computational Materials Science, 2010, 47（4）: 881-889.

[101] Michele P. Modeling of Shape Memory Alloys and Application to Porous Materials[D]. Evanston: Northwestern University, 2008.

[102] Ju Y, Wang H J, Yang Y M, et al. Numerical simulation of mechanisms of deformation, failure and energy dissipation in porous rock media subjected to wave stresses[J]. Science China Technological Sciences, 2010, 53（4）: 1098-1113.

[103] Terzaghi K. Theoretical Soil Mechanics[M]. New York：Tiho Wiley，1943.

[104] Biot M A. General theory of three‐dimensional consolidation[J]. Journal of Applied Physics，1941，12（2）：155-164.

[105] Biot M A. Theory of elasticity and consolidation for a porous anisotropic solid[J]. Journal of Applied Physics，1955，26（2）：182-185.

[106] Biot M A. Theory of Stress‐Strain Relations in Anisotropic Viscoelasticity and Relaxation Phenomena[J]. Journal of Applied Physics，1954，25（11）：1385-1391.

[107] De Wiest R J M，Bear J. Flow Through Porous Media[M]. NewYork：Academic Press，1969.

[108] 葛家理. 油气层渗流力学[M]. 北京：石油工业出版社，1982.

[109] Noorishad J，Tsang C F，Witherspoon P A. Coupled thermal-hydraulic-mechanical phenomena in saturated fractured porous rocks：Numerical approach[J]. Journal of Geophysical Research Solid Earth，1984，89（B12）：10365-10373.

[110] Zienkiewicz O C，Shiomi T. Dynamic behaviour of saturated porous media：the generalized Biot formulation and its numerical solution[J]. International Journal for Numerical and Analytical Methods in Geomechanics，1984，8（1）：71-96.

[111] Savage W Z，Braddock W A. A model for hydrostatic consolidation of Pierre shale[J]. International Journal of Rock Mechanics & Mining Science & Geomechanics Abstracts，1991，28（5）：345-354.

[112] Detournay B E，Cheng A H D. Fundamentals of poroelasticity[C]//Comprehensive Rock Engineering：Principles，Practice and Projects. 1993.

[113] Chen H Y，Teufel L W，Lee R L. Coupled fluid flow and geomechanics in reservoir study. Theory and governing equations[C]//SPE Annual Technical Conference and Exhibition. Society of Petroleum Engineers，1995.

[114] Chen H Y，Teufel L W. Coupling fluid-flow and geomechanics in dual-porosity modeling of naturally fractured reservoirs[C]//SPE annual technical conference and exhibition. Society of Petroleum Engineers，1997.

[115] 冉启全，李士伦. 流-固耦合油藏数值模拟中物性参数动态模型研究[J]. 石油勘探与开发，1997（3）：61-65.

[116] Ochs D，Chen H Y，Teufel L. Relating in situ stresses and transient pressure testing for a fractured well[C]//SPE Annual Technical Conference and Exhibition. Society of Petroleum Engineers，1997.

[117] Vincké O，Longuemare P，Boutéca M，et al. Investigation of the poromechanical behavior of shales in the elastic domain[C]//SPE/ISRM Rock Mechanics in Petroleum Engineering. Society of Petroleum Engineers，1998.

[118] Klimentos T，Harouaka A，Mtawaa B，et al. Experimental determination of the Biot elastic constant：Applications in formation evaluation（sonic porosity，rock strength，earth stresses，and sanding predictions）[J]. SPE Reservoir Evaluation & Engineering，1998，1（01）：57-63.

[119] 徐曾和，徐小荷. 二维应力场下承压地层中渗流的液固耦合问题[J]. 岩石力学与工程学报，1999，18（6）：645-650.

[120] Hall H N. Compressibility of reservoir rocks[J]. Journal of Petroleum Technology，1953，5（01）：17-19.

[121] Fatt I，Davis D H. Reduction in permeability with overburden pressure[J]. Journal of Petroleum Technology，1952，4（12）：16-16.

[122] Fatt I. Pore volume compressibilities of sandstone reservoir rocks[J]. Journal of Petroleum Technology，1958，10（03）：64-66.

[123] Mc Latchie A S，Hemstock R A，Young J W. The effective compressibility of reservoir rock and its effects on permeability[J]. Journal of Petroleum Technology，1958，10（06）：49-51.

[124] Walsh J B. Effect of pore pressure and confining pressure on fracture permeability[C]//International Journal of Rock Mechanics and Mining Sciences & Geomechanics Abstracts. Pergamon，1981，18（5）：429-435.

[125] Walls J D. Effects on pore pressure，confining pressure and partial saturation on permeability of sandstones[D]. Palo Alto：Stanford University，1982.

[126] Osorio J G，Chen H Y，Teufel L W. Numerical simulation of coupled fluid-flow/geomechanical behavior of tight gas reservoirs with stress sensitive permeability[C]//Latin American and Caribbean Petroleum Engineering Conference. Society of Petroleum Engineers，1997.

[127] Zoback J D，Byerlee M D. Permeability and Effective Stress [J]. Aapg Bulletin，1975，59（1）：154-158.

[128] Lewis R W，Sukirman Y. Finite element modelling of three‐phase flow in deforming saturated oil reservoirs[J]. International Journal for Numerical and Analytical Methods in Geomechanics，1993，17（8）：577-598.

[129] Boutéca M J，Bary D，Piau J M，et al. Contribution of poroelasticity to reservoir engineering：lab experiments，application to core decompression and implication in HP-HT reservoirs depletion[C]//Rock mechanics in petroleum engineering. Society of Petroleum Engineers，1994.

[130] Gutierrez Marte. Fully coupled analysis of reservoir compaction and subsidence[C]//European Petroleum Conference. Society of Petroleum Engineers，1994.

[131] Hsu H H，Ponting D K，Wood L. Field-wide compositional simulation for HPHT gas condensate reservoirs using an adaptive implicit method[C]//International Meeting on Petroleum Engineering. Society of Petroleum Engineers，1995.

[132] Sharma A，Chen H Y，Teufel L W. Flow-induced stress distribution in a multi-rate and multi-well reservoir[C]//SPE Rocky Mountain Regional/Low-Permeability Reservoirs Symposium. Society of Petroleum Engineers，1998.

[133] 薛世峰. 非混溶饱和两相渗流与变形孔隙介质耦合作用的理论研究及其在石油开发中的应用[D]. 北京：中国地震局地质研究所，2000.

[134] 刘建军，刘先贵. 有效压力对低渗透多孔介质孔隙度、渗透率的影响[J]. 地质力学学报，2001，7（1）：41-44.

[135] 阮敏，王连刚. 低渗油田开发与压敏效应[J]. 石油学报，2002，23（3）：73-76.

[136] 张新红，秦积舜. 低渗岩心物性参数与应力关系的试验研究[J]. 石油大学学报（自然科学版），2001，25（4）：56-57.

[137] 秦积舜，张新红. 变应力条件下低渗透储层近井地带渗流模型[J]. 石油钻采工艺，2001，23（5）：41-44.

[138] 秦积舜. 变围压条件下低渗砂岩储层渗透率变化规律研究[J]. 西安石油学院学报，2002，17（4）：28-31.

[139] Jones C，Smart B G D. Stress Induced Changes in Two-Phase Permeability[C]//SPE/ISRM Rock Mechanics Conference. Society of Petroleum Engineers，2002.

[140] Wang Y，Xue S. Coupled reservoir-geomechanics model with sand erosion for sand rate and enhanced production prediction[C]//International Symposium and Exhibition on Formation Damage Control. Society of Petroleum Engineers，2002.

[141] Backman R C，Harding T G，Settari A T，et al. Coupled simulation of reservoir flow，geomechanics，and formation plugging with application to high-rate produced water reinjection[C]//SPE Reservoir Simulation Symposium. Society of Petroleum Engineers，2003.

[142] 刘建军，张盛宗，刘先贵，等. 裂缝性低渗透油藏流-固耦合理论与数值模拟[J]. 力学学报，2002，34（5）：779-784.

[143] 周志军，刘永建，马英健，等. 低渗透储层流-固耦合渗流理论模型[J]. 东北石油大学学报，2002，26（3）：29-32.

[144] 熊伟，田根林，黄立信，等. 变形介质多相流动流-固耦合数学模型[J]. 水动力学研究与进展，2002，17（6）：770-776.

[145] 向阳，向丹，杜文博. 致密砂岩气藏应力敏感的全模拟试验研究[J]. 成都理工学院学报，2002，29（6）：617-619.

[146] 苏海波. 反映动态启动压力梯度的低渗透油藏渗流模型[J]. 西南石油大学学报：自然科学版，2015，37（6）：105-111.

[147] Zhang H，Liu J，Elsworth D. How sorption-induced matrix deformation affects gas flow in coal seams: a new FE model[J]. International Journal of Rock Mechanics and Mining Sciences，2008，45（8）：1226-1236.

[148] Garagash Dmitry I，E. Detournay，and J. I. Adachi. Multiscale tip asymptotics in hydraulic fracture with leak-off[J]. Journal of Fluid Mechanics，2011，669（2）：260-297.

[149] 王业众，康毅力，张浩，等. 碳酸盐岩应力敏感性对有效应力作用时间的响应[J]. 钻采工艺，2007，30（3）：105-107.

[150] 刘建军. 裂缝性低渗透砂岩油藏流-固耦合理论及应用[D]. 廊坊：中国科学院研究生院，2001.

[151] 魏漪，冉启全，童敏，等. 致密油压裂水平井全周期产能预测模型[J]. 西南石油大学学报：自然科学版，2016（1）：99-106.

[152] Min K B，Rutqvist J，Tsang C F，et al. Stress-dependent permeability of fractured rock masses: a numerical study[J]. International Journal of Rock Mechanics & Mining Sciences，2004，41（7）：1191-1210.

[153] Khairy H，Tn Harith Z Z. Influence of pore geometry，pressure and partial water saturation to electrical properties of reservoir rock: Measurement and model development[J]. Journal of Petroleum Science and Engineering，2011，78（3）：687-704.

[154] 王强，童敏，武站国，等. 致密火山岩气藏压裂水平井产能预测方法[J]. 西南石油大学学报：自然科学版，2014，36（4）：107-115.

[155] 杨程博，郭建春，杨建，等. 低渗气藏水平井二项式产能方程修正[J]. 西南石油大学学报，2014，36（4）：123-130.

[156] 孟选刚，郭肖，高涛. 特低渗砂岩储层温度敏感性实验[J]. 西南石油大学学报：自然科学版，2015（3）：98-102.

[157] Aktan T，Ali S M F. Finite element analysis of temperature and thermal stresses induced by hot water injection[J]. Society of Petroleum Engineers Journal，1978，18（6）：226-229.

[158] Bear J，Corapcioglu M Y. A mathematical model for consolidation in a thermoelastic aquifer due to hot water injection or pumping[J]. Water Resources Research，1981，17（3）：723-736.

[159] Hart R D，St John C M. Formulation of a fully-coupled thermal——mechanical——fluid flow model for non-linear geologic systems[C]//International Journal of Rock Mechanics and Mining Sciences & Geomechanics Abstracts. Pergamon，1986，23（3）：213-224.

[160] Vaziri H H. Coupled fluid flow and stress analysis of oil sands subject to heating[J]. Journal of Canadian Petroleum Technology，1988，27（5）：84-91.

[161] Tortike W S，Farouq S M. A Framework for Multiphase Nonisothermal Fluid Flow in a Deforming Heavy Oil Reservoir[J]. SPE Symposium on Reservoir Simulation，1987.

[162] Tortike W S，Ali S M F. Prediction of Oil Sand Failure Due to Steam-Induced Stresses[J]. Journal of Canadian Petroleum Technology，1991，30（1）：87-96.

[163] Tortike W S，Ali S M F. Reservoir Simulation Integrated with Geomechanics[J]. Journal of Canadian Petroleum Technology，1993，32（5）：28-37.

[164] Gutierrez M，Makurat A，Cuisiat F. Coupled HTM Modelling of Fractured Hydrocarbon Reservoirs during Cold Water Injection[C]//8th ISRM Congress. International Society for Rock Mechanics，1995.

[165] Gatmiri B，Delage P. A formulation of fully coupled thermal–hydraulic–mechanical behaviour of saturated porous media——numerical approach[J]. International Journal for Numerical and Analytical Methods in Geomechanics，1997，21（3）：199-225.

[166] Bower K M，Zyvoloski G. A numerical model for thermo-hydro-mechanical coupling in fractured rock[J]. International Journal of Rock Mechanics and Mining Sciences，1997，34（8）：1201-1211.

[167] Thomas H R，He Y，Onofrei C. An examination of the validation of a model of the hydro/thermo/mechanical behaviour of engineered clay barriers[J]. International Journal for Numerical and Analytical Methods in Geomechanics，1998，22（1）：49-71.

[168] Neaupane K M，Yamabe T，Yoshinaka R. Simulation of a fully coupled thermo–hydro–mechanical system in freezing and thawing rock[J]. International Journal of Rock Mechanics and Mining Sciences，1999，36（5）：563-580.

[169] Rewis A，CHEN H Y，Teufel L W. Simulation of coupled thermal/fluid-flow/geomechanical interactions in fluid injections[C]//SPE symposium on reservoir simulation. 1999：331-332.

[170] 黄涛，杨立中，陈一立. 工程岩体地下水渗流-应力-温度耦合作用数学模型的研究[J]. 西南交通大学学报，1999，34（1）：11-15.

[171] 赖远明，吴紫汪. 寒区隧道温度场，渗流场和应力场耦合问题的非线性分析[J]. 岩土工程学报，1999，21（5）：529-533.

[172] 刘建军，梁冰. 非等温条件下煤层瓦斯运移规律的研究[J]. 西安矿业学院学报，1999，19（4）：302-308.

[173] 梁冰，刘建军. 非等温情况下煤和瓦斯固流耦合作用的研究[J]. 辽宁工程技术大学学报：自然科学版，1999，18（5）：483-486.

[174] 梁冰，刘建军. 非等温条件下煤层中瓦斯流动的数学模型及数值解法[J]. 岩石力学与工程学报，2000，19（1）：1-5.

[175] 刘亚晨，刘泉声，吴玉山，等. 核废料贮库围岩介质不可逆过程热力学和热弹性[J]. 岩石力学与工程学报，2000，19（3）：361-365.

[176] 王瑞凤，赵阳升. 高温岩体地热开发的固流热耦合三维数值模拟[J]. 太原理工大学学报，2002，33（3）：275-278.

[177] 王自明. 油藏热-流-固耦合模型研究及应用初探[D]. 成都：西南石油学院，2002.

[178] Frei-Ayoub R，Tan C P，Choi S K. Simulation of time-dependent wellbore stability in shales using a coupled mechanical-thermal-physico-chemical model[C]//SPE/IADC Middle East Drilling Technology Conference and Exhibition. Society of Petroleum Engineers，2003.

[179] 刘泽佳，李锡夔. 非饱和多孔介质中热-渗流-力学耦合的混合元法[J]. 力学学报，2006，38（2）：170-175.

[180] 蒋中明，Dashnor H. 核废料贮存库围岩体热响应耦合场研究[J]. 岩土工程学报，2006，28（8）：953-956.

[181] 盛金昌. 多孔介质流-固-热三场全耦合数学模型及数值模拟[J]. 岩石力学与工程学报，2006，25（z1）：3028-3033.

[182] 王志国，陈键，杨文哲，等. 稠油油藏热流耦合"两箱"分析模型及应用研究[J]. 岩石力学与工程学报，2012，31（5）：1007-1015.

[183] 王志国，张雷，张文福，等. 油藏多孔介质热质传递"三箱"分析模型研究[J]. 力学学报，2014，46（3）：361-368.

[184] 曹文炅，黄文博，蒋方明.增强型地热系统地下热开采过程的热流固耦合数值模拟研究[C].2014 年中国工程热物理学会，2014

[185] Brenner D J，Hall E J. Computed tomography——an increasing source of radiation exposure[J]. New England Journal of Medicine，2007，357（22）：2277-2284.

[186] Elliott, J.C. and Dover, S.D.. X-ray micro-tomography[I]. Journal of Microscopy，1982，126：211-213.

[187] Vogl T J，Abolmaali N D，Diebold T，et al. Techniques for the Detection of Coronary Atherosclerosis: Multi–detector Row CT Coronary Angiography[J]. Radiology，2002，223（1）：212-220.

[188] Tuy H K. An inversion formula for cone-beam reconstruction[J]. SIAM Journal on Applied Mathematics，1983，43（3）：546-552.

[189] Dunsmuir, J.H.，Ferguson, S.R.，D'Amico, K.L. and Stokes, J.P.. X-ray microtomography：a new tool for the characterization of porous media[C]//Proceedings of 66th Annual Technical Conference and Exhibition of the Society of Petroleum Engineers，Dallas，TX. 1991.

[190] Coles M E，Hazlett R D，Spanne P，et al. Pore level imaging of fluid transport using synchrotron X-ray microtomography[J]. Journal of Petroleum Science & Engineering，1998，19（s1–2）：55-63.

[191] Cnudde V，Masschaele B，Dierick M，et al. Recent progress in X-ray CT as a geosciences tool[J]. Applied Geochemistry，2006，21（5）：826-832.

[192] Gevenois P A，Pichot E，Dargent F，et al. Low grade coal worker's pneumoconiosis：Comparison of CT and chest radiography[J]. Acta Radiologica，1994，35（4）：351-356.

[193] 葛修润，任建喜，蒲毅彬，等. 煤岩三轴细观损伤演化规律的 CT 动态试验[J]. 岩石力学与工程学报，1999，18（5）：497-502.

[194] Karacan C O，Okandan E. Adsorption and gas transport in coal microstructure：investigation and evaluation by quantitative X-ray CT imaging[J]. Fuel，2001，80（4）：509-520.

[195] Jin Y B，Yoo H M，Dong S P，et al. Comparison of the shaping abilities of three nickel–titanium instrumentation systems using micro-computed tomography[J]. Journal of Dental Sciences，2014，9（2）：111–117.

[196] Hu Dong. Micro-CT imaging and pore network extraction[D]. London：Imperial College，2007.

[197] Hilfer R，Zauner T. High-precision synthetic computed tomography of reconstructed porous media[J]. Physical Review E，2011，84（6）：062301.

[198] 李旭超. 小波变换和马尔可夫随机场在图像降噪与分割中的应用研究[D]. 浙江：浙江大学，2006.

[199] 张庆英，岳卫宏，肖维红，等. 基于边界特征的图像二值化方法应用研究[J]. 武汉理工大学学报，2005，27（2）：55-57.

[200] 刘培生. 多孔材料孔径及孔径分布的测定方法[J]. 钛工业进展，2006，23（2）：29-34.

[201] Yu J，Hu X，Huang Y. A modification of the bubble-point method to determine the pore-mouth size distribution of porous materials[J]. Separation and Purification Technology，2010，70（3）：314-319.

[202] Demir A，Altinkok N. Effect of gas pressure infiltration on microstructure and bending strength of porous Al_2O_3/SiC-reinforced aluminium matrix composites[J]. Composites Science and Technology，2004，64（13）：2067-2074.

[203] Vennat E，Bogicevic C，Fleureau J M，et al. Demineralized dentin 3D porosity and pore size distribution using mercury porosimetry[J]. Dental Materials，2009，25（6）：729-735.

[204] Kim H，Han Y，Park J. Evaluation of permeable pore sizes of macroporous materials using a modified gas permeation method[J]. Materials Characterization，2009，60（1）：14-20.

[205] Calvo J I，Bottino A，Capannelli G，et al. Pore size distribution of ceramic UF membranes by liquid–liquid displacement porosimetry[J]. Journal of Membrane Science，2008，310（1）：531-538.

[206] Miyata T，Endo A，Ohmori T，et al. Evaluation of pore size distribution in boundary region of micropore and mesopore using gas adsorption method[J]. Journal of Colloid and Interface Science，2003，262（1）：116-125.

[207] Matsushima K，Hirata Y，Matsunaga N，et al. Pressure filtration of alumina suspensions under alternating current field[J]. Colloids and Surfaces A：Physicochemical and Engineering Aspects，2010，364（1）：138-144.

[208] Howard J J，Kenyon W E. Determination of pore size distribution in sedimentary rocks by proton nuclear magnetic resonance[J]. Marine and Petroleum Geology，1992，9（2）：139-145.

[209] Maire E，Colombo P，Adrien J，et al. Characterization of the morphology of cellular ceramics by 3D image processing of X-ray tomography[J]. Journal of the European Ceramic Society，2007，27（4）：1973-1981.

[210] 蒋兵，翟涵，李正民. 多孔陶瓷孔径及其分布测定方法研究进展[J]. 硅酸盐通报，2012，31（002）：311-315.

[211] 张杰，白素芳，吕向阳等. 煤焦表面 SEM 图像孔径分布变化规律[J]. 河北工程大学学报（自然科学版），2008，25（3）：73-76.

[212] 赵凯. 基于孔隙尺度的多孔介质流动与传热机理研究.[D]. 南京：南京理工大学，2010.

[213] Alder B J，Wainwright T E. Phase transition for a hard sphere system[J]. Journal of Chemical Physics，1957，27（5）：1208-1209.

[214] 闵志宇，张春杰，曹伟，等. 聚合物溶液微观力场的分子动力学模拟[J]. 郑州大学学报（工学版），2008，29（2）：1-4.

[215] 刘国宇，顾大明，丁伟，等. 表面活性剂界面吸附行为的分子动力学模拟[J]. 石油学报（石油加工），2011，27（1）：77-84.

[216] 滕智津. 蛋白质吸附的分子动力学模拟——界面性质的影响[D]. 天津：天津大学，2005.

[217] 罗旋，费维栋. 材料科学中的分子动力学模拟研究进展[J]. 材料科学与工艺，1996，4（1）：124-128.

[218] 邹桂敏. 分子在纳米微孔材料中扩散行为的分子动力学模拟研究[D]. 太原：中北大学，2011.

[219] 王欢欢，吴琼，朱瑞新，等. 关于中药小分子动力学模拟扩散系数的讨论[J]. 辽宁中医杂志，2012，39（6）：1127-1130.

[220] 顾骁坤，陈民. 纳米硅通道内滑移现象的分子动力学模拟[J]. 工程热物理学报，2009，31（10）：1724-1726.

[221] Shin J Y，Abbott N L. Combining molecular dynamics simulations and transition state theory to evaluate the sorption rate constants for decanol at the surface of water[J]. Langmuir，2001，17（26）：8434-8443.

[222] Kang K，Diannan L U，Zhang M，et al. All-atom molecular dynamics simulation of protein separation process by reverse phase liquid chromatography[J]. Ciesc Journal，2010，61（3）：660-667.

[223] 刘嘉. 流体边界层的分子动力学模拟[D]. 郑州：郑州大学，2010.

[224] Chen S，Doolen G D. Lattice Boltzman method for fluid flows [J]. Annu.rev.fluid Mech，2003，30（5）：329-364.

[225] Qian Y H. Simulating thermohydrodynamics with lattice BGK models[J]. Journal of Scientific Computing，1993，8（3）：231-242.

[226] Qian Y H，d'Humières D，Lallemand P. Lattice BGK models for Navier-Stokes equation[J]. Europhysics Letters，1992，17（6）：479.

[227] Guo Z，Shi B，Wang N. Lattice BGK model for incompressible Navier-Stokes equation[J]. Journal of Computational Physics，2000，165（1）：288–306.

[228] Sani，Farid Mohamed. Aspects of LBGK development: simulations of hydrodynamics and mass transfer[D]. Cambridge：University of Cambridge，2002.

[229] Chai Zhen-Hua，Shi Bao-Chang，Zheng Lin. Simulating high Reynolds number flow in two-dimensional lid-driven cavity by multi-relaxation-time lattice Boltzmann method[J]. Chinese Physics，2006，15（8）：1855-1863.

[230] Marie S，Ricot D，Sagaut P. Comparison between lattice Boltzmann method and Navier-Stokes

high order schemes for computational aeroacoustics[J]. Journal of Computational Physics，2009，228（4）：1056-1070.

[231] Fuentes J M，Kuznik F，Johannes K，et al. Development and validation of a new LBM-MRT hybrid model with enthalpy formulation for melting with natural convection[J]. Physics Letters A，2014，378（4）：374–381.

[232] 刘儒勋，王志峰.数值模拟方法和运动边界追踪. [M]. 合肥：中国科学技术大学出版社，2001.

[233] 苏铭德，黄素逸. 计算流体力学基础 [M]. 北京：清华大学出版社，1997.

[234] Bruce G H，Peaceman D W，Rachford H H，et al. Calculations of unsteady-state gas flow through porous Media[J]. Journal of Petroleum Technology，1953，5（3）：79-92.

[235] Kalyani V K，Pallavika，Chakraborty S K. Finite-difference time-domain method for modelling of seismic wave propagation in viscoelastic media[J]. Applied Mathematics & Computation，2014，237（3）：133-145.

[236] Ebrahimnejad M，Fallah N，Khoei A R. New approximation functions in the meshless finite volume method for 2D elasticity problems[J]. Engineering Analysis with Boundary Elements，2014，46（3）：10-22.

[237] Wung T S，Chen C J. Finite analytic solution of convective heat transfer for tube arrays in crossflow：part i——flow field analysis[J]. Journal of Heat Transfer，1989，111：3（3）：633-640.

[238] Waltz J，Canfield T R，Morgan N R，et al. Verification of a three-dimensional unstructured finite element method using analytic and manufactured solutions[J]. Computers & Fluids，2013，81（15）：57–67.

[239] Hosseinzadeh H，Dehghan M. A new scheme based on boundary elements method to solve linear Helmholtz and semi-linear Poissons equations[J]. Engineering Analysis with Boundary Elements，2014，43：124–135.

[240] ANSYS Inc. ANSYS Help Document. Pittsburgh：ANSYS Inc.，2013

[241] Ho C M，Tai Y C. Micro-Electro-Mechanical-Systems（MEMS）and fluid flows[J]. Annual Review of Fluid Mechanics，1998，30（5）：579-612.

[242] 宋天佑，程鹏，王杏乔，等. 无机化学上册[M]. 北京：高等教育出版社，2012.

[243] Brackbill J U，Kothe D B，Zemach C. A continuum method for modeling surface tension[J]. Journal of Computational Physics，1992，100（2）：335-354.

[244] 中华人民共和国国家质量监督检验检疫总局、中国国家标准化管理委员会. GB/T28912——2012 岩石中两相流体相对渗透率测定方法[S]. 北京：中国标准出版社，2012.

[245] 解伟，赵蕾，孙卫，等. 利用微观水驱油模型实验对储层进行流动单元的划分[J]. 吉林大学学报：地球科学版，2008，38（5）：745-748.

[246] 王瑞飞，孙卫. 特低渗透砂岩微观模型水驱油实验影响驱油效率因素[J]. 石油实验地质，2010，01（1）：93-97.

[247] 陈晶. 特低渗储层微观驱油机理研究[D]. 西安：西安石油大学，2012.

[248] 李龙. 关于微流边界层方程的解[D]. 厦门：集美大学硕士论文，2010.

[249] 文书明. 微流体边界层理论及应用[M]. 北京：冶金工业出版社，2002.

[250] 李中锋，何顺利. 低渗透储层原油边界层对渗流规律的影响[J]. 大庆石油地质与开发，2005，24（2）：57-59..

[251] 刘德新，岳湘安，侯吉瑞，等. 固体颗粒表面吸附水层厚度实验研究[J]. 矿物学报，2005，25（1）：15-19.

[252] 刘卫东，刘吉，孙灵辉，等. 流体边界层对低渗透油藏渗流特征的影响[J]. 科技导报，2011，29（22）：42-44.

[253] 宋付权，俞力. 低渗透油藏渗流模型新解[J]. 渗流力学进展，2012，02（1）：29-34.

[254] 曲志浩，孔令荣. 低渗透油层微观水驱油特征[J]. 西北大学学报：自然科学版，2002，32（4）：329-334.

[255] 郭尚平，黄延章，周娟，等. 物理化学渗流的微观研究. 力学学报，1986，18（S1）：45-50.

[256] Tambasco M，Steinman D A. Calculating particle-to-wall distances in unstructured computational fluid dynamic models[J]. Applied Mathematical Modelling，2001，25（01）：803–814.

[257] Elias R N，Martins M A D，Coutinho A L G A. Simple finite element-based computation of distance functions in unstructured grids[J]. International Journal for Numerical Methods in Engineering，2007，72（9）：1095-1110.

[258] 赵慧勇，贺旭照，乐嘉陵. 一种新的壁面距离计算方法——循环盒子法[J]. 计算物理，2008，25（4）：427-430.

[259] 王刚，曾铮，叶正寅. 混合非结构网格下壁面最短距离的快速计算方法[J]. 西北工业大学学报，2014，4（04）：511-516.

[260] Spalding D B. Turbulence Modeling：Solved and Unsolved Problems[M]. New York：Springer，1975.

[261] Kimmel R. Fast marching methods[J]. Siam Review，1999，41（2）：199-235.

[262] Tucker P G，Rumsey C L，Spalart P R，et al. Computations of wall distances based on differential equations[J]. Aiaa Journal，2005，43（3）：539-549.

[263] 赵秀才. 数字岩心及孔隙网络模型重构方法研究[D]. 青岛：中国石油大学，2009.

[264] Blunt M J. Effects of heterogeneity and wetting on relative permeability using pore level modeling[J]. SPE Journal，1997，2（1）：70-87.

[265] Blunt M J. Physically-based network modeling of multiphase flow in intermediate-wet porous media[J]. Journal of Petroleum Science and Engineering，1998，20（3）：117-125.

[266] Valvatne P H . Predictive pore-scale modeling of multiphase flow[D]. London：Imperial College London，2004.

[267] Morrow N R，Lim H T，Ward J S. Effect of crude-oil-induced wettability changes on oil recovery[J]. SPE Formation Evaluation，1986，1（01）：89-103.

[268] Newnham R E. Properties of Materials：Anisotropy，Symmetry，Structure[M]. Oxford：Oxford University Press，2004.

[269] Ma E. Nanocrystalline materials：Controlling plastic instability[J]. Nature Materials，2003，2（1）：7-8.

[270] 陈柯霖. 非均质材料压痕试验力学分析[D]. 北京：清华大学，2012.

[271] Hashin Z，Shtrikman S. A variational approach to the theory of the elastic behaviour of multiphase materials[J]. Journal of the Mechanics and Physics of Solids，1963，11（2）：127-140.

[272] Drugan W J，Willis J R. A micromechanics-based nonlocal constitutive equation and estimates of

representative volume element size for elastic composites[J]. Journal of the Mechanics and Physics of Solids，1996，44（4）：497-524.

[273] Huet C. Application of variational concepts to size effects in elastic heterogeneous bodies[J]. Journal of the Mechanics and Physics of Solids，1990，38（6）：813-841.

[274] Biener J，Hodge A M，Hamza A V，et al. Nanoporous Au：a high yield strength material[J]. Journal of Applied Physics，2005，97（2）：024301.

[275] Tabor D. Indentation hardness：fifty years on a personal view[J]. Philosophical Magazine A，1996，74（5）：1207-1212.

[276] Oliver W C，Pharr G M. An improved technique for determining hardness and elastic modulus using load and displacement sensing indentation experiments[J]. Journal of Materials Research，1992，7（06）：1564-1583.

[277] Sneddon I N. The relation between load and penetration in the axisymmetric Boussinesq problem for a punch of arbitrary profile[J]. International Journal of Engineering Science，1965，3（1）：47-57.

[278] 王伟，徐卫亚. 一个新的岩石力学特性测定方法[J]. 岩土力学，2009，29（S1）：538-544.

[279] Toparli M，Koksal N S. Hardness and yield strength of dentin from simulated nano-indentation tests[J]. Computer Methods and Programs in Biomedicine，2005，77（3）：253-257.

[280] Sondergeld C. Evaluation of multistage triaxial testing on Berea sandstone[D]. Oklahoma：University of Oklahoma，2004.